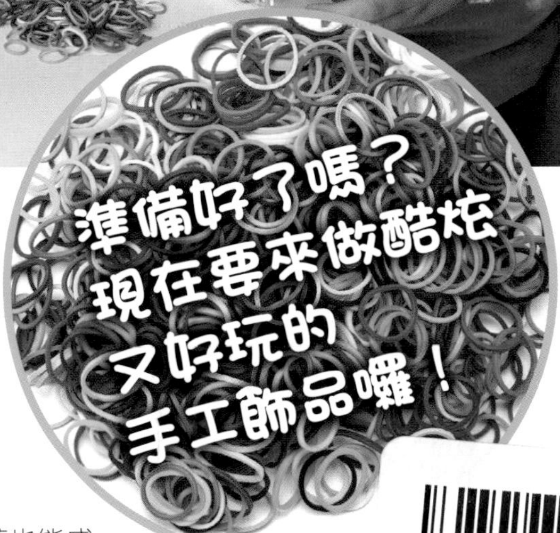
準備好了嗎？
現在要來做酷炫
又好玩的
手工飾品囉！

我的第一本
百變彩虹編織書

趕快來做現在最流行的彩虹圈編織飾品吧！有了彩虹圈作伴，小孩也能成為大藝術家！只需要幾樣簡單的工具，幾種容易學會的款式圖案，幾分鐘之內就能編出各種五彩炫麗、造型獨特的彩虹圈手工飾品，手環、項鍊、耳環、戒指、腰帶、首飾……應有盡有。

戴上單鍊前後交織的奧林匹克手環（第26頁），粉紅色的彩虹圈飾品讓你看起來好漂亮喔！套上彩虹圈腳鍊（第44頁）跳進游泳池，讓你看起來好有型！要去百貨公司逛街？那就戴上全新的彩虹圈魚尾手環（第20頁）！你看，這麼多超酷炫的彩虹圈飾品，趕快動手做吧！

你只需要1支小編織棒（織毛線的鉤針也可以），再配上喜歡的各色彩虹橡皮圈，然後用C型扣環把彩虹圈飾品串起來，再用編織器把彩虹圈編成你想要的飾品圖案，這就大功告成了。你還在等什麼？開始動手編彩虹圈吧！

做你最要好的朋友

你可以跟最要好的朋友相約，戴上款式類似的彩虹圈手環，一起參加生日聚會、去朋友家過夜、一起上學等等，也可以把彩虹圈手環當作特別禮物，互送給對方留念。

展現校風精神

在運動會上，戴上彩虹圈飾品讓你亮麗出衆，不僅很容易辨識，還能展現朝氣蓬勃的校風精神！記得要以五彩繽紛的彩虹圈飾品，做為校風精神的代表喔！你還可以全身戴著彩虹圈飾品，開心去上體育課呢！

帶動新潮流行

手上戴著好幾條款式相同但顏色不同的彩虹圈手環，表示你是時下帶動流行的新潮人物。再搭配款式相同而顏色互補的彩虹圈耳環，這就是你所精心設計彩虹圈飾品的超完美組合！

替你的小灰兔玩偶做一條可愛的項圈！

為手環增添巧思與魅力，再戴上其他顏色相近的手環做搭配。

戴上一大串繽紛絢麗的手環，看起來很有型吧！

工具及材料

開始做彩虹圈飾品，你需要用到4種基本配備，在地手工藝品店或文具店都買得到：

＊彩虹圈編織器：Cra-Z-Loom™、Rainbow Loom®、FunLoom™都可以。

＊C型扣環：C型或S型最好。

＊彩虹圈橡皮筋：直徑1/2英吋或3/4英吋。

＊小編織棒。

市面上都買得到全套的彩虹圈編織器，內附以上4種基本工具。有了全套的彩虹圈編織器，你就可以輕鬆製作彩虹圈編織飾品了。等你把彩虹圈橡皮筋都用完了（這會常常發生呢），或者在你需要更多顏色的彩虹圈橡皮筋時，你就可以去手工藝品店，追加更多不同顏色的彩虹圈橡皮筋。只要有賣彩虹圈編織器的手工藝品店，通常也都有賣各種顏色的彩虹圈橡皮筋以及C型扣環，相信喜歡編彩虹圈手環的你，一定會需要補充更多的彩虹圈與C型扣環的！

不同款式的編織器都有各自的圖案，雖然本書是用Rainbow Loom®做舉例講解，但是別擔心，即使用不同的編織器，只要確實按照圖案以及相關步驟做，一定也會做出很棒的成品！在不同款式的編織器上製作彩虹圈飾品，可能會出現有好幾排套鉤沒有套上彩虹圈的狀況，這沒有關係，可直接忽略不會有影響。

❤小訣竅

如果你只有編織器卻沒有編織棒，那你就應該隨時帶著你的編織器以及還沒做好的飾品，遇到有人帶編織棒來，你就可以借用啦！編織棒的尺寸最好符合你的編織器大小，例如：G號的編織器最適合用4.25釐米的編織棒。看看你的阿嬤或媽媽家裡的朋友，有沒有人喜歡用編織棒做手工編織？那就直接向她們借來用囉！

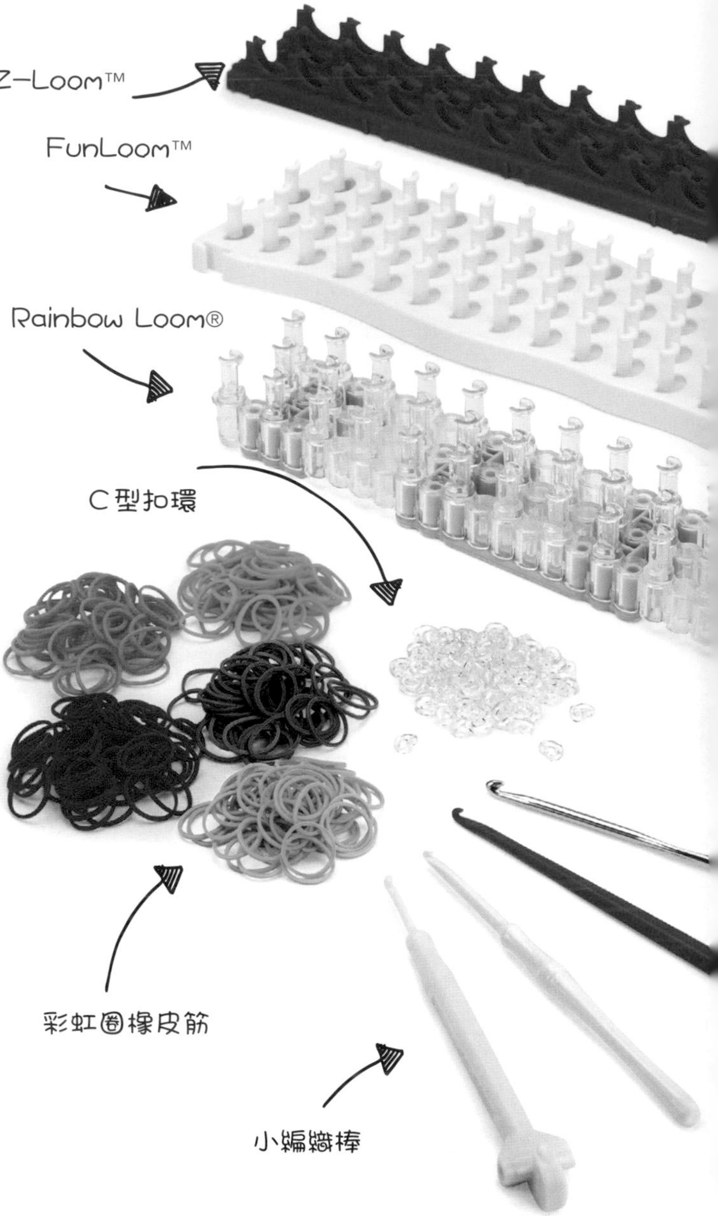

以下各種多姿多彩的顏色，都可以用來做彩虹圈編織飾品！

密切注意！手工藝品店或線上購物店有沒有新進超炫、最流行的彩虹圈？

以上顏色包括：紫紅色、粉紅色、紅色、橘子色、焦糖色、螢光橘色、黃色、果凍黃色、螢光綠色、青綠色、橄欖綠色、深綠色、藍綠色、綠松色、果凍綠色、海藍色、湛藍色、果凍藍色、紫色、果凍紫色、棕灰色、葡萄酒色、黑色、白色、螢光白色等等。

用編織器做單鍊手環

學習編織單鍊手環，可以讓你了解如何把一條接一條的彩虹圈排放到編織器上，再一圈接一圈套成彩虹圈手環。只要抓到訣竅，就可以在幾分鐘之內，完成好幾條酷炫新潮的彩虹圈手環喔！請翻到本書第13頁，詳列各種彩虹圈編織法的圖案，按照步驟說明，一圈接一圈把飾品編好。

❤以下是你需要用到的工具及材料：

* 25條彩虹圈橡皮筋：你可以用13條紫色彩虹圈橡皮筋，搭配12條粉紅色彩虹圈橡皮筋。
* 1個C型扣環。
* 1組編織器。
* 1支編織棒。

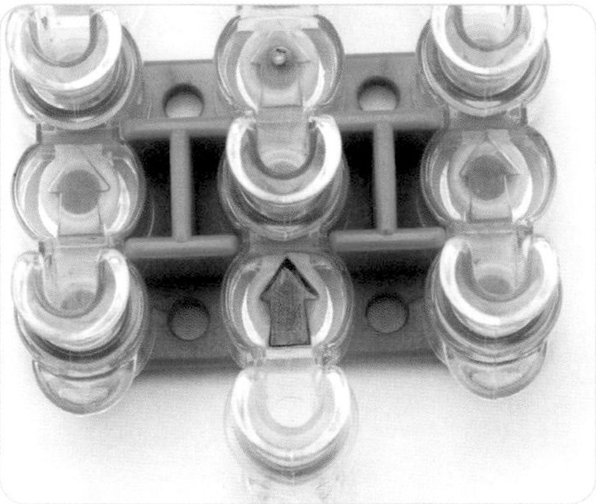

1 把編織器轉成箭頭朝上的方向，也就是讓箭頭背對你，再讓最後排的套鉤突出來，露在編織器外面。

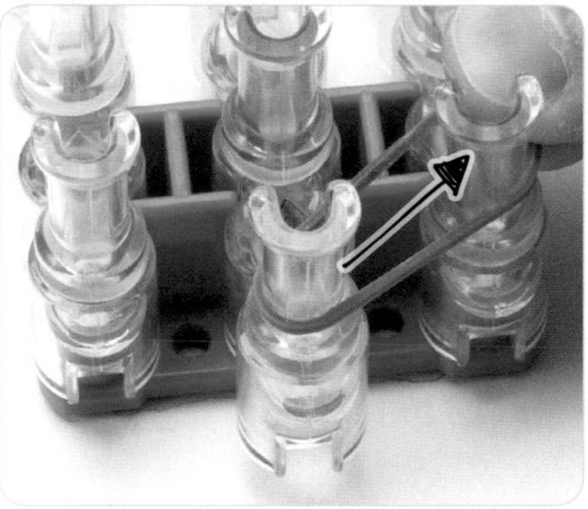

2 把第1條紫色彩虹圈放在中排第1個套鉤上（最靠近你的那支），再把這條彩虹圈的另一端拉向右前方，套到右排第1個套鉤上。

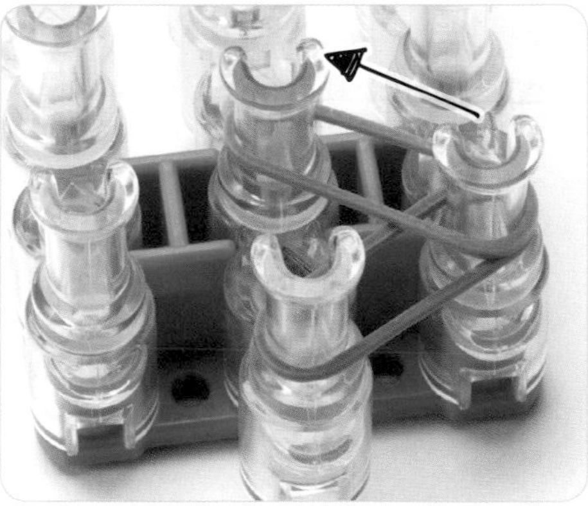

3 把第2條（粉紅色）放在右排第1個套鉤上，也就是放在第1條彩虹圈右前端上，再把這條粉紅色的另一端拉向左前方，套進中排第2個套鉤。

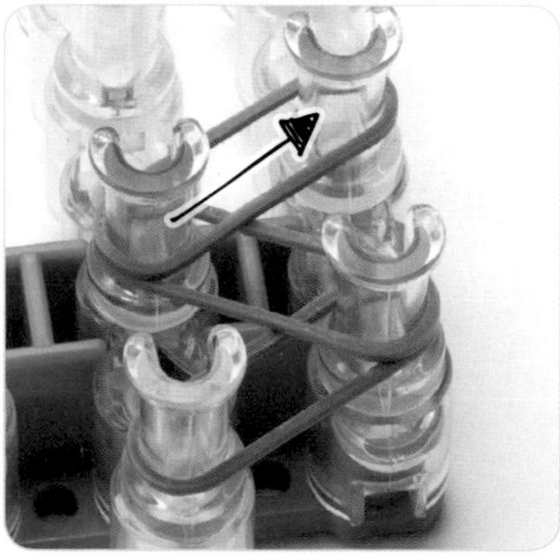

4 把第3條（紫色）放在剛才粉紅色彩虹圈左前端上，也就是中排第2個套鉤，再把這條紫色彩虹圈另一端拉向右前方，套進右排第2個套鉤。

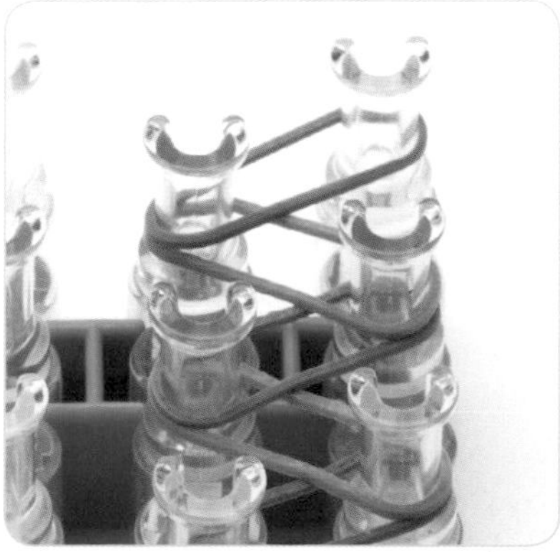

5 依此類推，反覆前後交叉排列，直到25條全都用完。同時，你也已經排到編織器最前端了。記得一定要從上一條彩虹圈套進的套鉤，繼續放下一條彩虹圈。

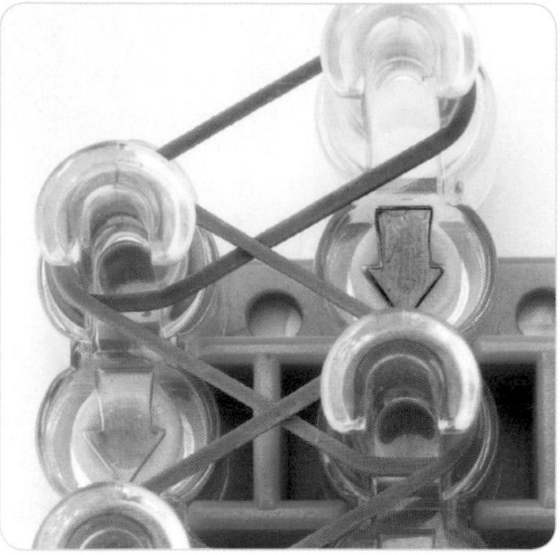

6 現在可以把彩虹圈手環套起來了！首先，把編織器轉過來，讓最前排的箭頭朝下，正對你自己。

7 從編織器最下排開始（最靠近你的這排），先把編織棒伸進中排第1個套鉤，壓住最後1條（紫色）。然後，把倒數第2條（粉紅色）勾出來。記得編織棒一定要先伸進套鉤的中空溝槽，再由下而上把彩虹圈勾出。

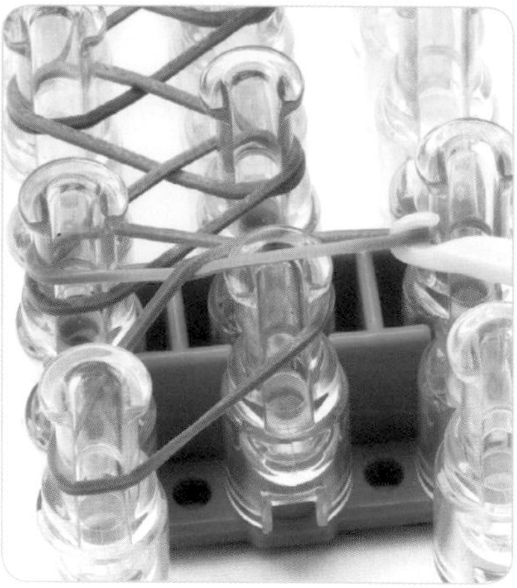

8 把粉紅色彩虹圈右下端，從中排第1個套鉤拉起來。

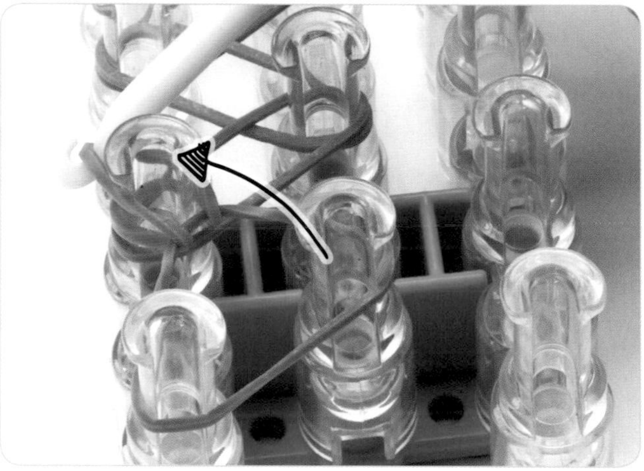

9 把粉紅色彩虹圈右下端勾起，向左前方套到左排第2個套鉤。讓倒數第2條（粉紅色）繞回原來起點，做成粉紅色彩虹圈的雙半圈。

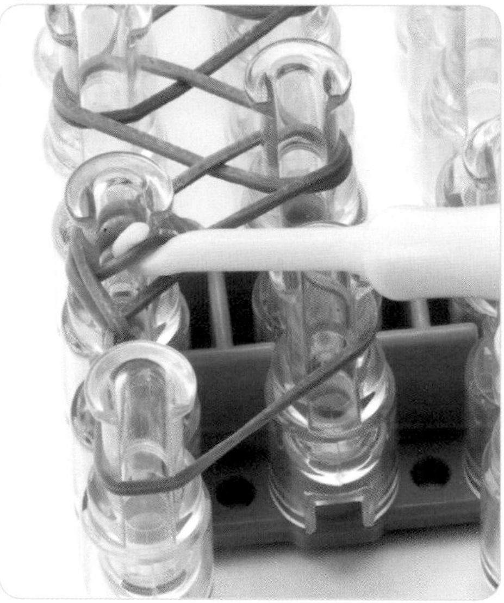

10 現在把編織棒伸進左排第2個套鉤中空溝槽，把倒數第3條（紫色）左下端勾住。千萬別拉到倒數第2條的雙半圈喔！

千萬別犯這個錯！

千萬不要像右圖那樣，從套鉤外側把彩虹圈硬拉出來！一定要先把編織棒伸進套鉤中空溝槽裡，把紫色彩虹圈從粉紅色彩虹圈的雙半圈下勾出來，就像步驟10所示。

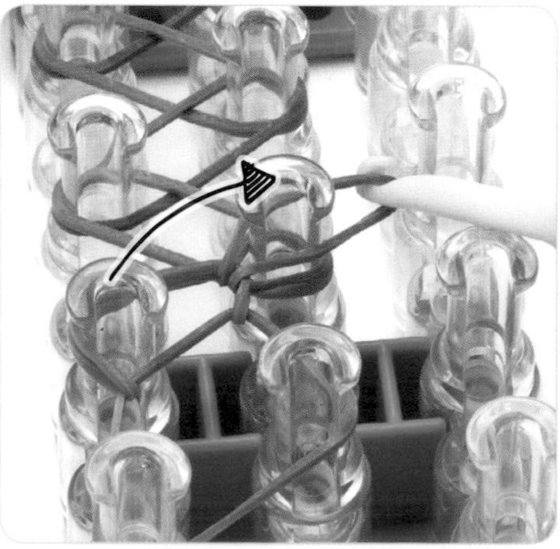

11 把倒數第3條向右前方套進中排第2個套鉤，也就是紫色彩虹圈右前端上。

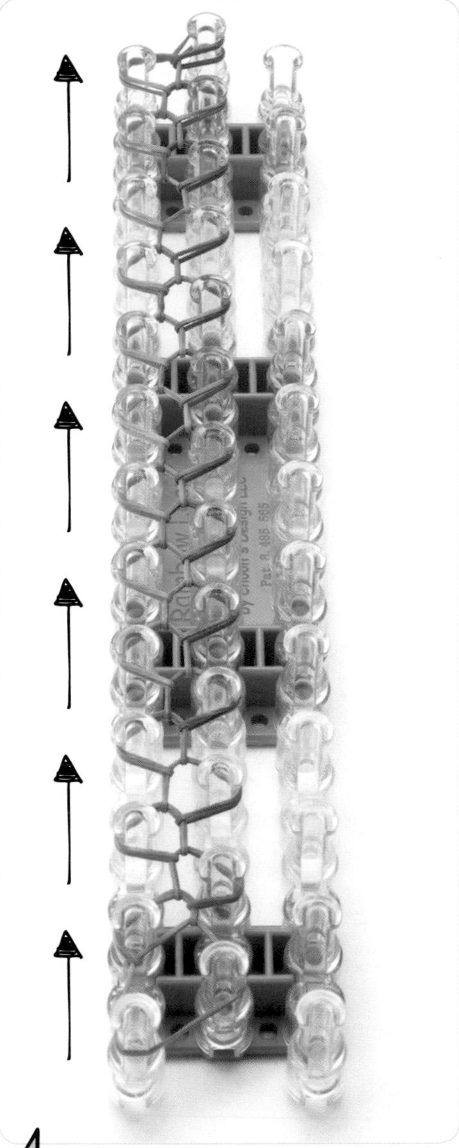

12 持續前後交叉套圈，由下到上，直到最前排的套鉤為止。記得一定要先把編織棒伸進套鉤中空溝槽，再把雙半圈下另一種顏色的彩虹圈勾出來。將左排、中排全套好後，看起來就會像左圖一樣，右排套鉤全都空著。

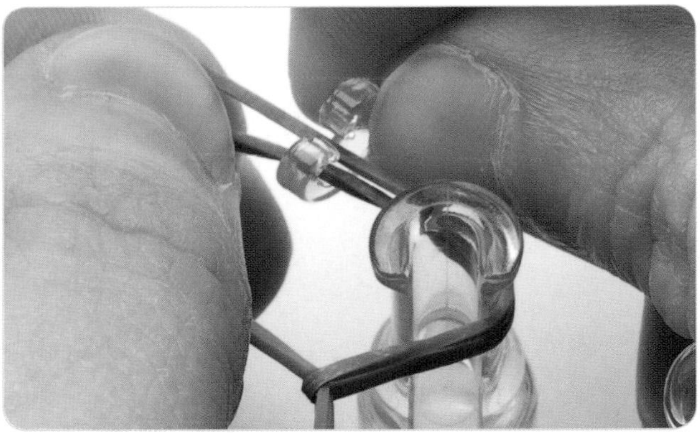

13 用C型扣環將中排最前1個套鉤的彩虹圈扣起來，也就是第1條（紫色）的雙半圈。可以用拇指、食指幫忙拉緊，這樣就會順手多了。

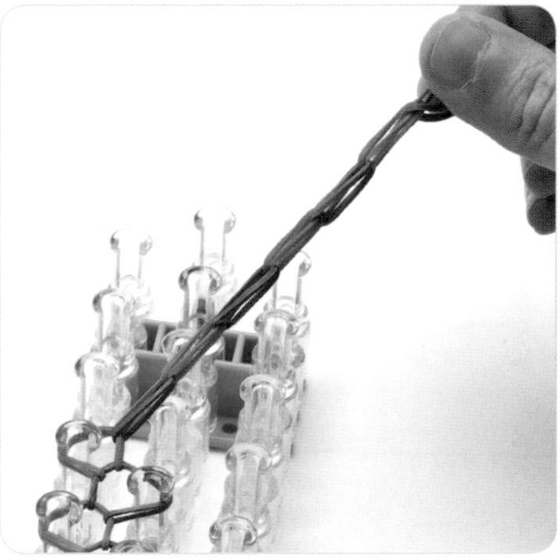

14 抓緊C型扣環，把手環從編織器上整條拉起來，一次拉起1條，別擔心你會用力過度，彩虹圈橡皮筋不會輕易被拉斷的。

15 用C型扣環將最後1條彩虹圈跟第1條扣在一起。耶！你親手做的第一條彩虹圈手環完工啦！

手藝小訣竅！

五彩繽紛

讓你親手做的第一條彩虹圈手環，充滿繽紛色彩，亮眼出眾！在彩虹圈手環出現的顏色順序，會依照你放在編織器上的順序呈現。所以，如果你把不同顏色的彩虹圈排在編織器上，做出來的手環就會有交叉變換顏色的圖案。如果你把3條同色彩虹圈排成一組，再跟其他顏色的彩虹圈3條編成一組，做出來的手環就會有彩色條紋交替出現的圖案！現在開始動動腦，看你想在25條彩虹圈之中用上哪些顏色，編織成你最喜歡的圖案，做出你的第一條彩虹圈手環。

手藝小訣竅！

收尾小變化

如果你不喜歡手環上的最後1條彩虹圈沒有套成雙半圈，這裡有很多種方法可變換手環的收尾動作。這可說是獨門小訣竅喔！在你的彩虹編織器上，重新再做1條彩虹圈手環，到了步驟5時（第9頁），從這裡開始做一點小變化，這樣彩虹圈手環做好後，就會變得比較緊一點。

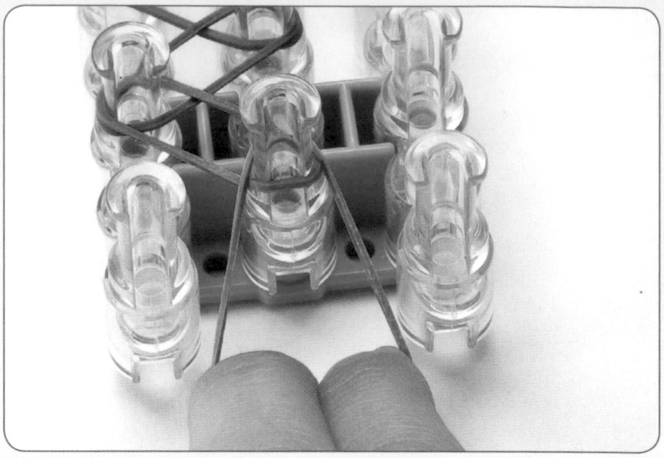

1 編織器轉成箭頭朝下的方向，把最後1條向外盡量拉長，上端仍固定在中排第1個套鉤上。

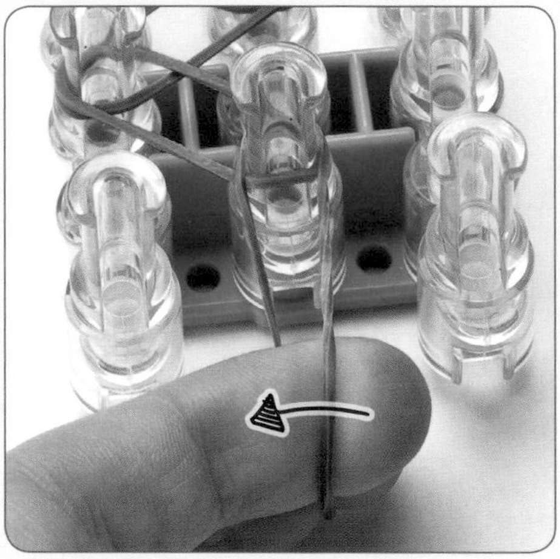

2 把拉長的彩虹圈向左後方旋轉，保持左下右上的8字型，用食指固定這條彩虹圈的下半圈。

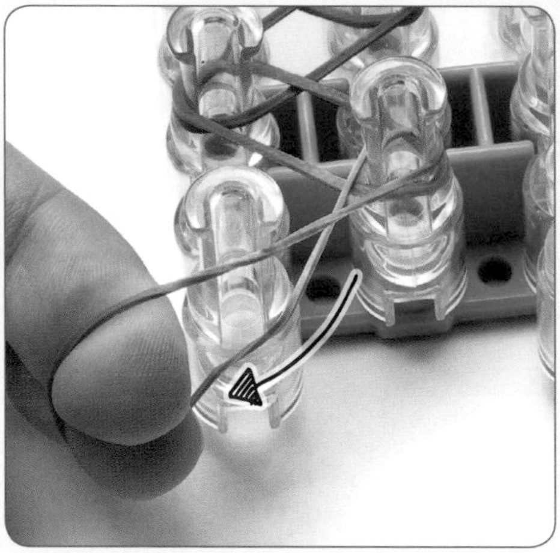

3 拉住8字型彩紅圈下半圈，逆時針方向繞過左排第1個套鉤外緣。

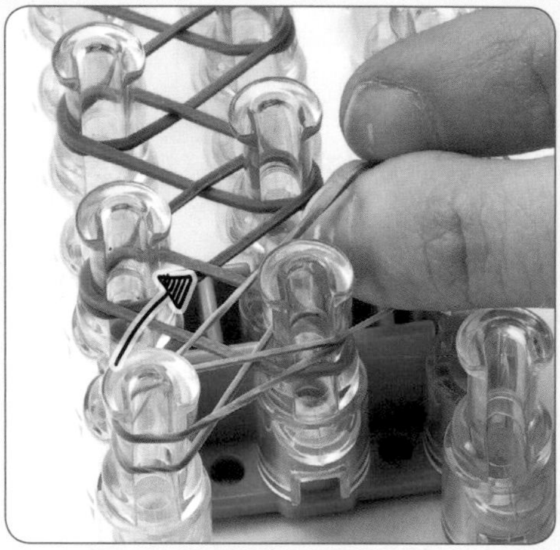

4 再把8字型彩紅圈下半圈向右上拉回，套在中排第1個套鉤。你可以用另一手按住左排第1個套鉤，以免拉回時，這條彩虹圈會從左排第1個套鉤鬆開。

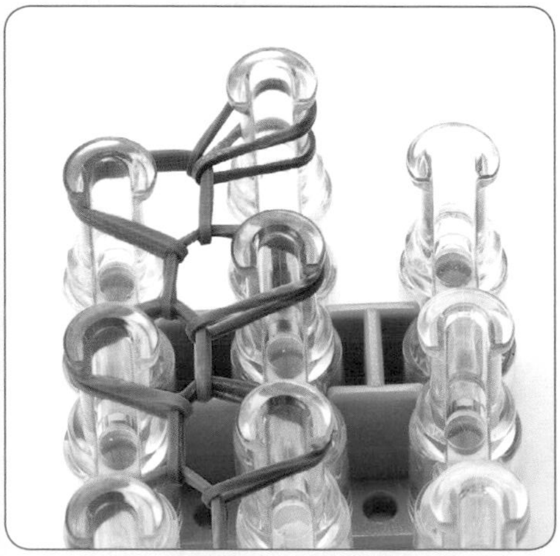

5 接下來，按照原來步驟7～12（第10～11頁），一圈一圈套下去，記得在套圈時，一定要從套鉤中空溝槽裡勾，千萬不要從外側勾彩虹圈喔！

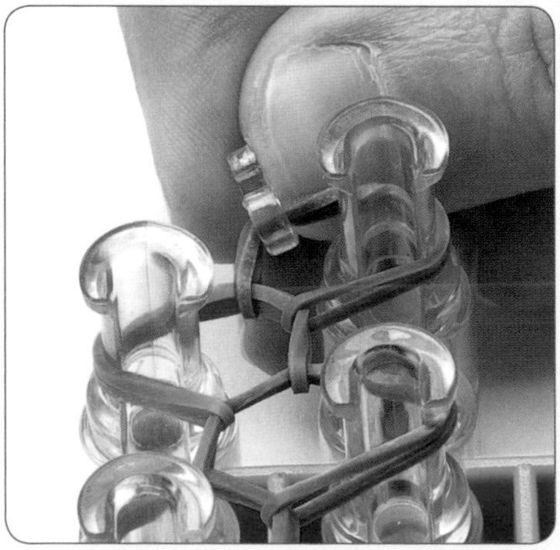

6 用C型扣環，把中排倒數第1個套鉤的第1條扣起來。

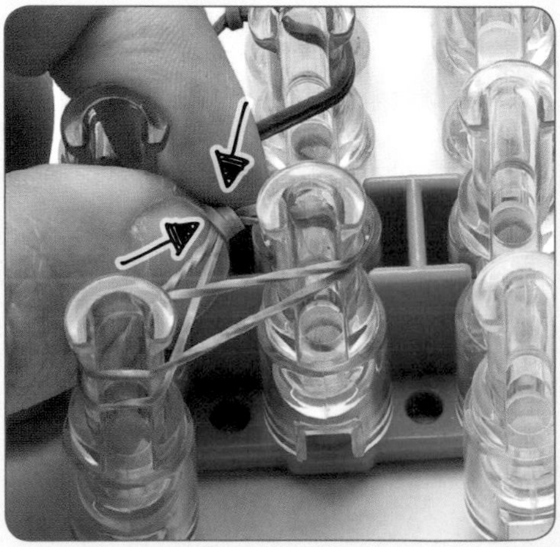

7 把倒數第2條（粉紅色）雙半圈緊緊捏好，也就是介於左排第1個套鉤，以及中排第1個套鉤之間，再把整條手環從編織器上拉起來，千萬不能鬆開這倒數第2條彩虹圈。

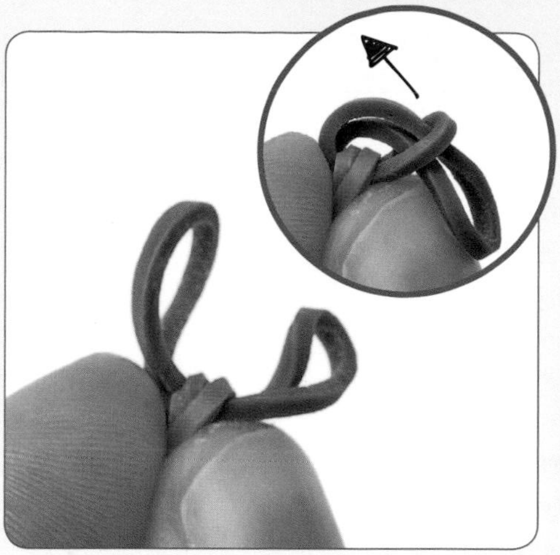

8 把最後1條（紫色）從套鉤上拉起，形成雙半圈，穿過倒數第2條（粉紅色），再把紫色雙半圈的兩端拉齊（或如插圖，把紫色雙半圈的一端套進另一端做收尾）。

9 用C型扣環把第1條彩虹圈跟最後1條扣起來，就大功告成了。1條超酷炫的單鍊手環就完成囉！

看懂圖案變化

恭喜你已經做好一條單鍊手環了，現在就來仔細看看單鍊手環的圖案，之後還會在書裡繼續運用到單鍊手環編織法。在「**基本圖案！**」中，你可以學會基本編織法所做出來的圖案，接下來，就可以運用在更複雜的圖案上。然後，再按照書中介紹的套圈步驟，一圈一圈把手環做出來，說起來就是這麼簡單好玩！

在「開始套圈圈吧！」中，引導你該如何按照順序，把彩虹圈一條接一條放在編織器上，只要按照圖案的編織方法，就會呈現特殊的花色；當然你也可以選擇喜歡的顏色做搭配。但是，基本順序不能改變，否則就不是原來的圖案了。

基本圖案！

仔細看看這個基本圖案喔！這可是單鍊手環專屬的基本圖案，只要按照第9頁介紹的步驟，一圈一圈把彩虹圈套在編織器上，到最後就能把基本圖案做好囉！接下來，再用這個基本圖案做出另一條不同花色的單鍊手環，看看你會不會順利成功！

13條紫色、12條粉紅色

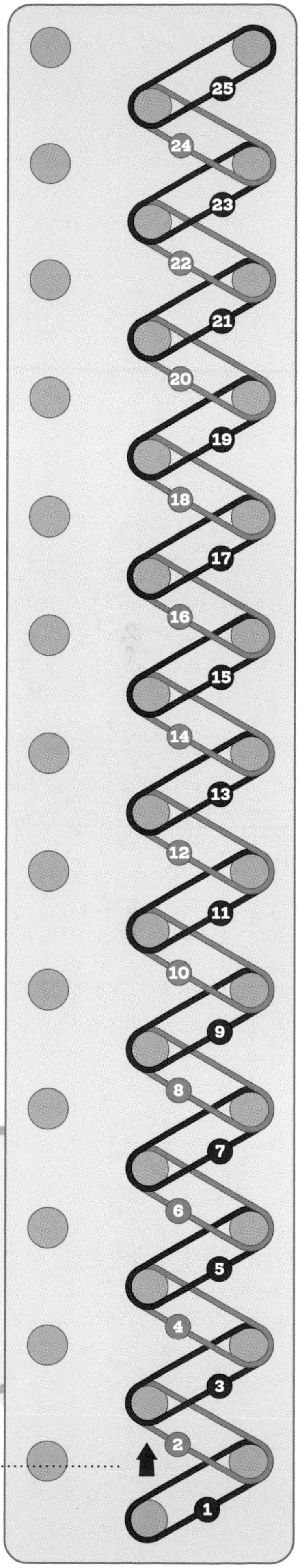

從箭頭這一側開始

用編織棒做單鍊手環

你也可以只用編織棒做單鍊手環，不用套在編織器上做。只用編織棒編織彩虹圈手環，就可以做出很長很長的單鍊手環，即使想用100條彩虹圈，甚至更長的彩虹圈手環都做得出來！用編織棒做單鍊手環，還可以變換出很多種圖案，等到以後做手鍊、腳鍊（第44頁）、或嬉皮腰帶（第46頁）時，就可以派上用場，很好玩喔！現在就來試試看吧！

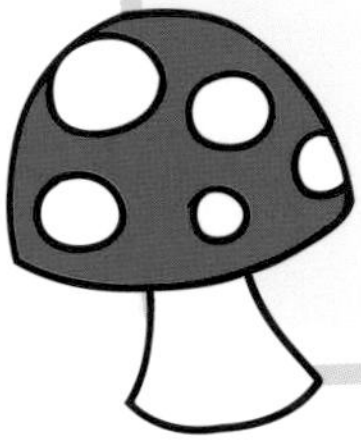

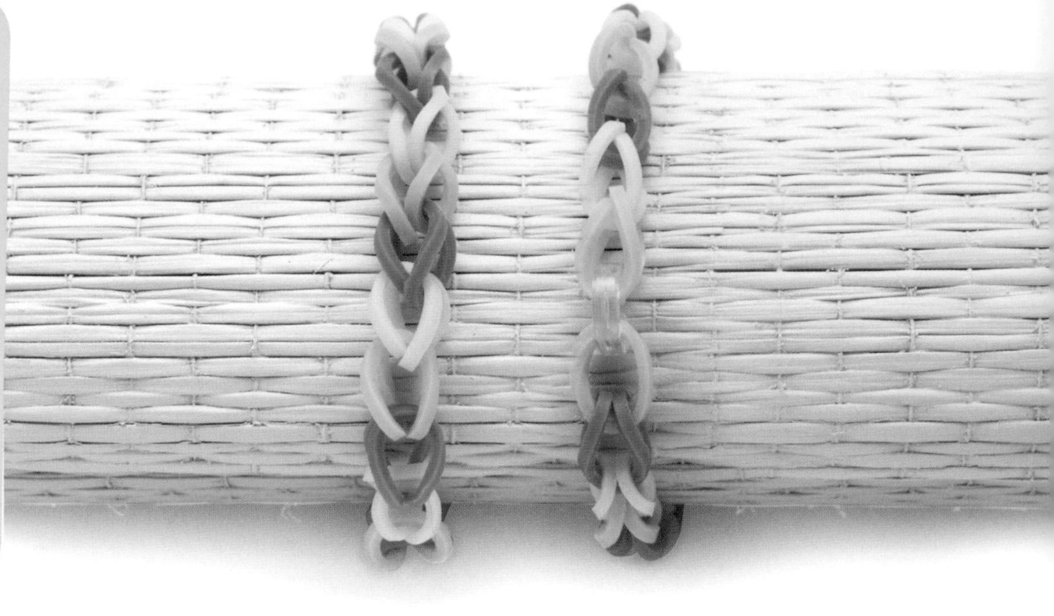

以下是你需要用到的工具及材料：

9條
螢光綠色彩虹圈橡皮筋

8條
白色彩虹圈橡皮筋

8條
粉紅色彩虹圈橡皮筋

1個
C型扣環

1支
編織棒

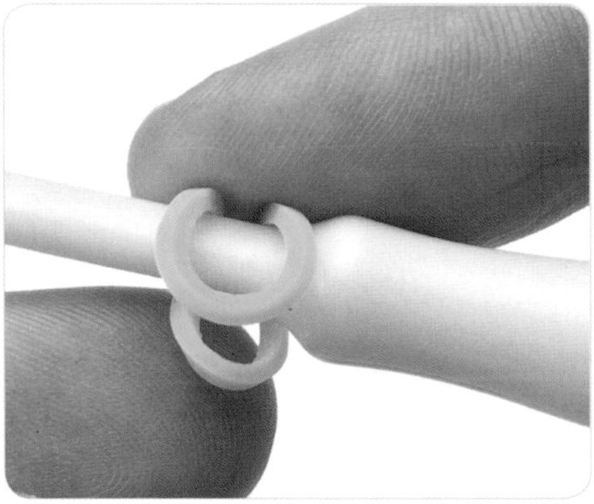

1 先把第1條彩虹圈掛在編織棒上，按住彩虹圈中端，讓雙半圈靠在編織棒左右兩側。

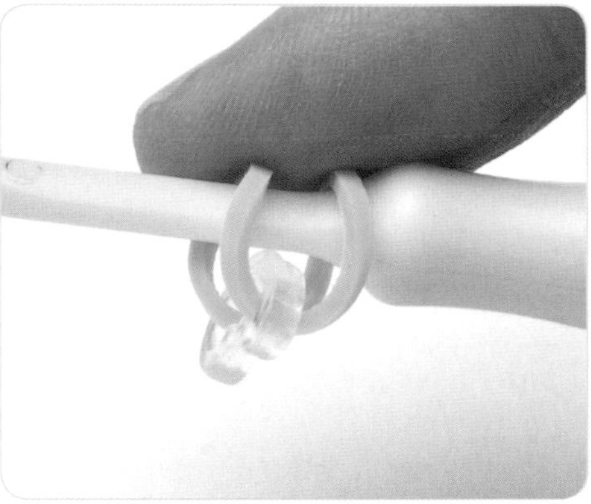

2 用C型扣環把彩虹圈的雙半圈扣起，讓這條彩虹圈套在編織棒上。

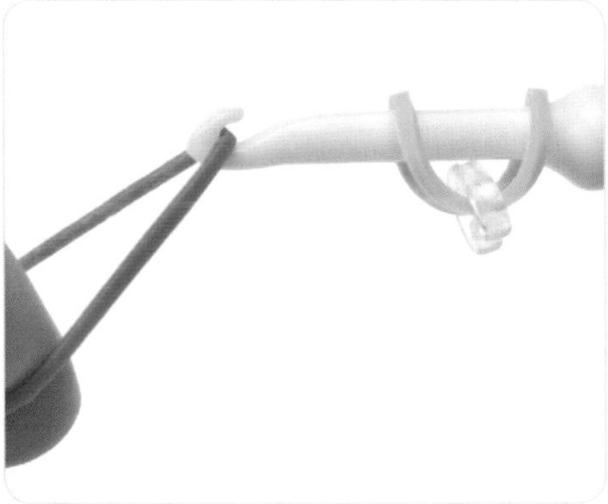

3 勾住第2條彩虹圈，把第2條彩虹圈的另一端拉住固定。

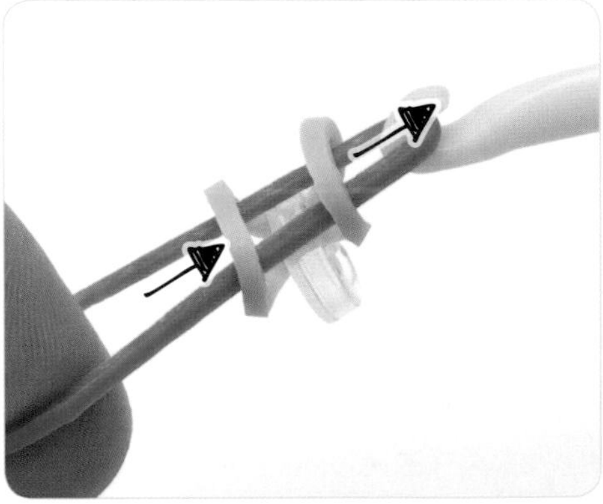

4 小心讓已經繞成雙半圈的第1條彩虹圈（螢光綠色）順著編織棒溜下來，套在第2條外圍，食指仍牢牢抓住第2條左端，同時用編織棒拉住第2條右端。

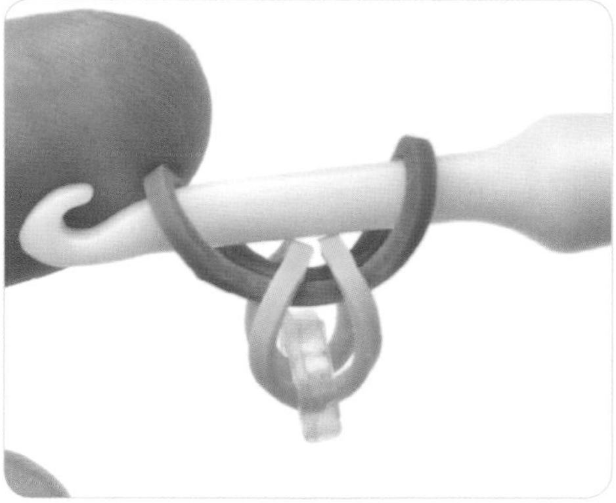

5 把第2條左端套上編織棒，順著原來方向套上，不要讓第2條左右端打結，這樣第1條就會掛在第2條正下方。

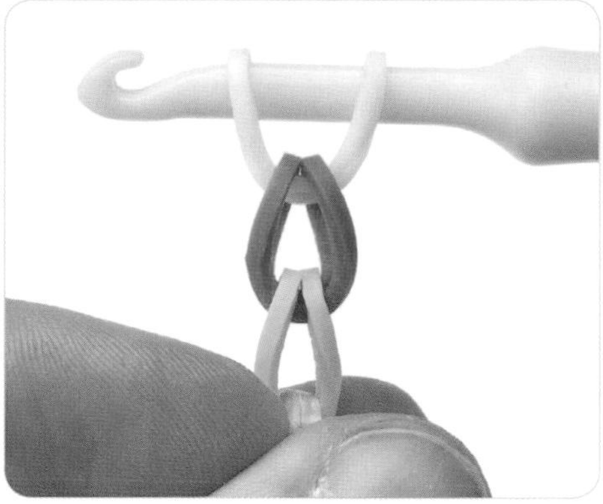

6 重複步驟3～5，先讓已繞成雙半圈的第2條順著編織棒溜下來，套在第3條（白色）正中，再把第3條左端套到編織棒上。

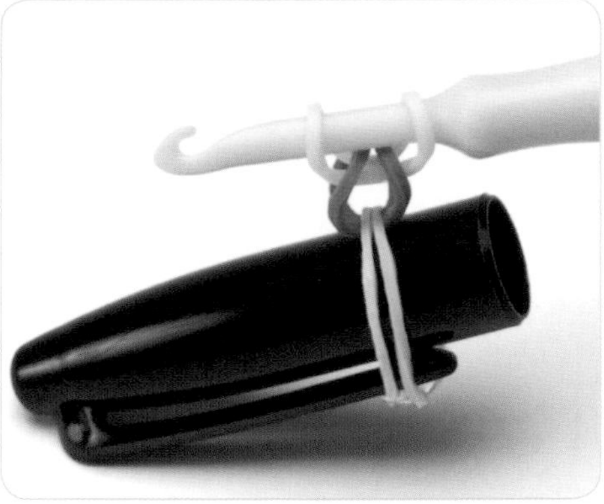

7 用1顆小電池、小筆套、或稍微有點份量的小東西，直接套進第1條的雙半圈，單鍊手環的下方就可以牢牢固定，不會到處擺動，有了穩固的重心，就可以很快地把單鍊彩虹圈手環編好。

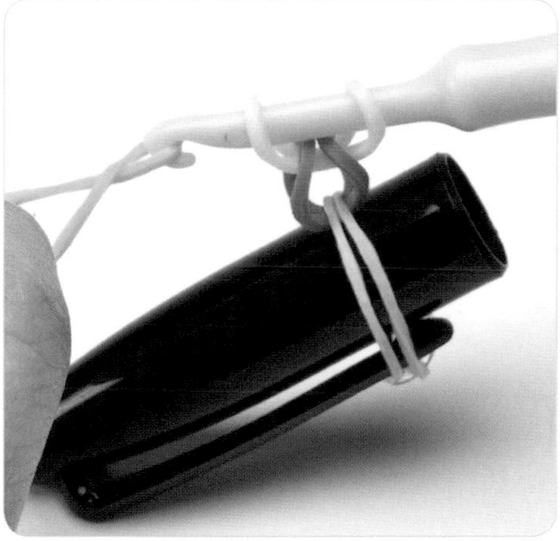

8 重複步驟3～5，但這次要把編織棒由上轉下，讓已經繞成雙半圈的第3條（白色），藉助重力更容易順著編織棒溜下來。

9 再次把編織棒按照原來方向由下轉上，把第4條（螢光綠色）勾住，讓已經繞成雙半圈的第3條順勢掛在第4條正中。注意，在把第4條左端套回編織棒時，千萬不能讓這條左右端打結。

10 接下來，按照步驟把手環一圈一圈套起來，運用單鍊編織法，可以盡情套出喜歡的長度。如果想做1條，那只要用25條彩虹圈就夠了。

11 收尾時，先把掛在手環下方的小東西移開。

12 把最後1條掛在編織棒上的雙半圈溜下來，套在食指、中指上。

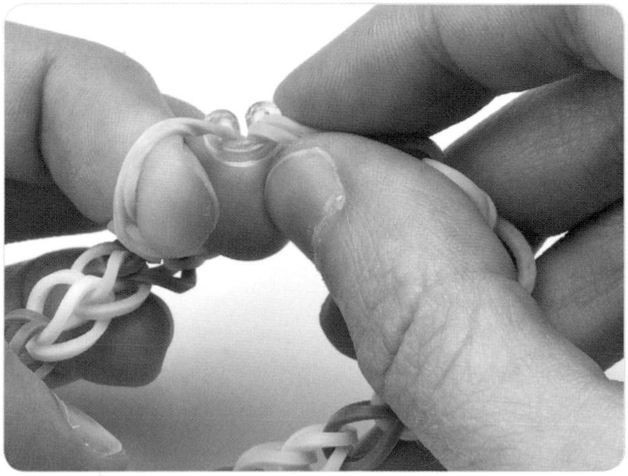

13 再把已經套上C型扣環的第1條，跟最後1條扣起來，好啦！大功告成！你已經用編織棒做好1條彩虹圈手環，而且從頭到尾都沒用到編織器呢！

手編技巧小撇步

活結編織法

本書介紹了各種圖案較複雜的彩虹圈手環，大都需要用到活結來固定手環的一端，讓好幾條彩虹圈可以交織在一起。如果你要把6到8條彩虹圈一起塞進C型扣環，這可不簡單喔！現在一起來做簡單又強韌的活結吧！

從下面的例子來說，手環已經編到正中最前排了，現在只要把已經套好6條彩虹圈的頂端做成活結，這條手環就可以收尾了。等到你又需要做活結時，例如瀑布手環（第22頁），你可以再回來這裡看看活結怎麼做。

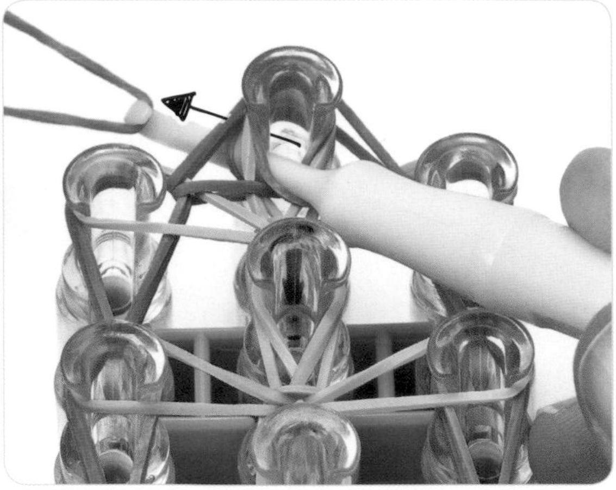

1 把編織棒伸進中排頂端套鉤的中空溝槽，勾住另1條彩虹圈（收尾要用的最後1條），然後從彩虹圈底下，把收尾彩虹圈勾出。再用食指把彩虹圈左端拉好固定。

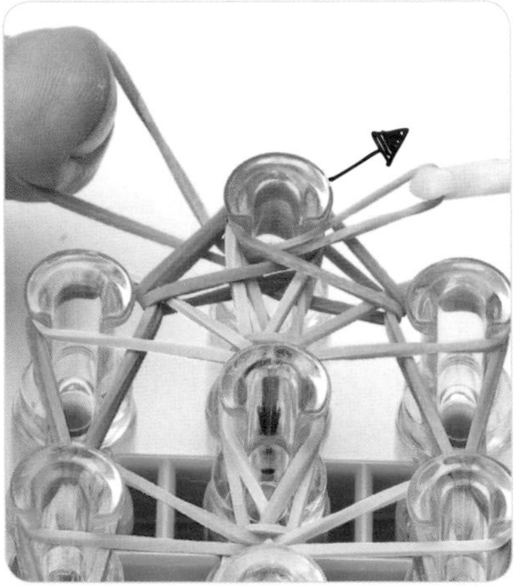

2 把收尾彩虹圈的右端從中空溝槽向右方拉出，小心不要把已套好的彩虹圈拉斷了！

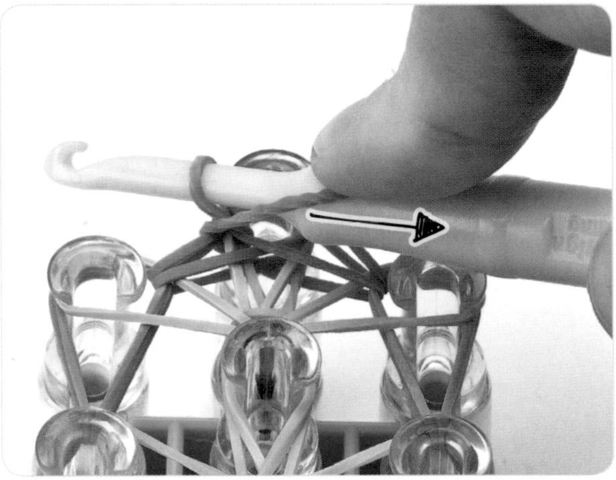

3 把掛在食指上收尾彩虹圈左端套到編織棒上，拉到原本在編織棒上收尾彩虹圈右端後方，再用食指按住，讓兩端區分開來，不會混淆在一起。

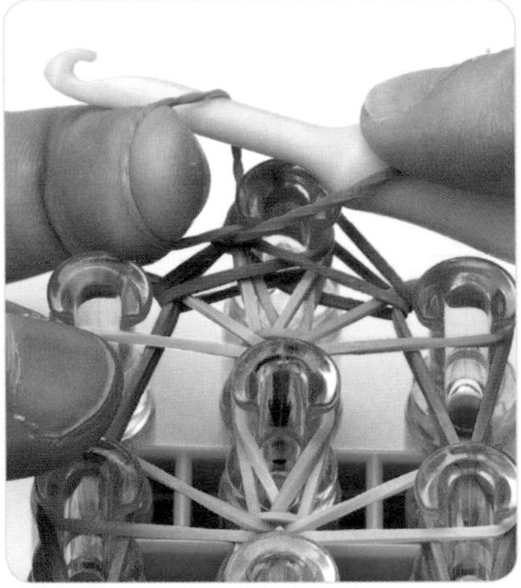

4 用食指勾住收尾彩虹圈前端，也就是從最靠近編織棒勾頭那端下方勾住。

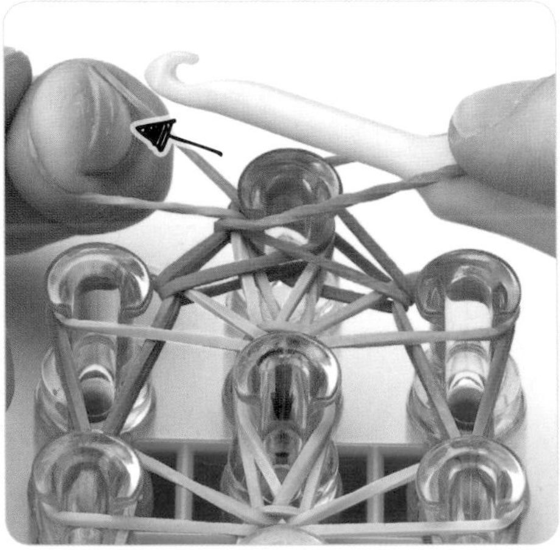

5 把收尾彩虹圈前端從編織棒上拉出，用食指固定。

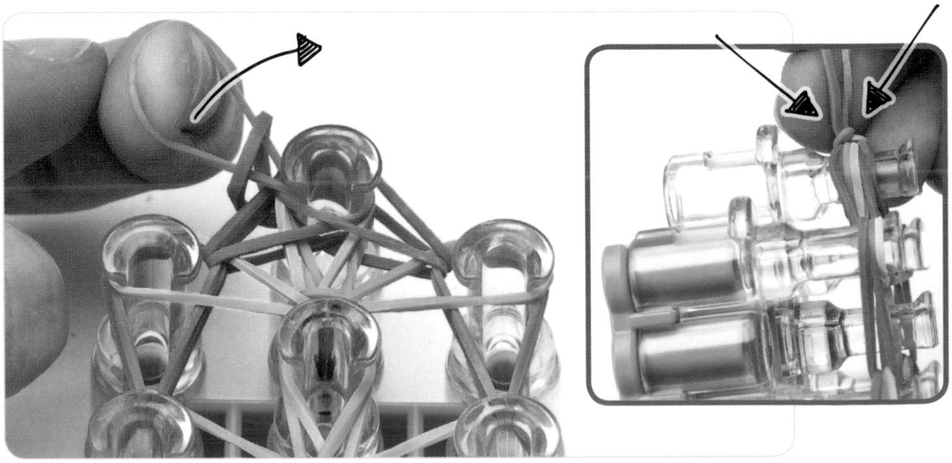

6 接下來，把收尾彩虹圈後端從編織棒上溜下來，用食指拉緊，這個活結就打緊了。在你一邊拉緊活結時，一邊把活結拉到中排頂端套鉤最上方，如圖所示，讓活結位於套鉤正中央。

把彩虹圈手環變長

若想把各種漂亮的圖案全編在一起，手環可能會不夠長，無法將手腕整個環起來，這時可以把太短的手環做以下兩種不同的處理：第一、可以再拿1個彩虹圈編織器接著編下去（參考以下說明）；或者，第二、只用單鍊編織法，把手環延長到所需長度，而單鍊編織法就是先前只用編織棒，就可以做好的單鍊彩虹圈手環（第14～15頁），這樣手環就可以變長了。由於大家通常都只有1個編織器，所以，用單鍊編織法延長手環是最好用的方法，而且，簡單好學！

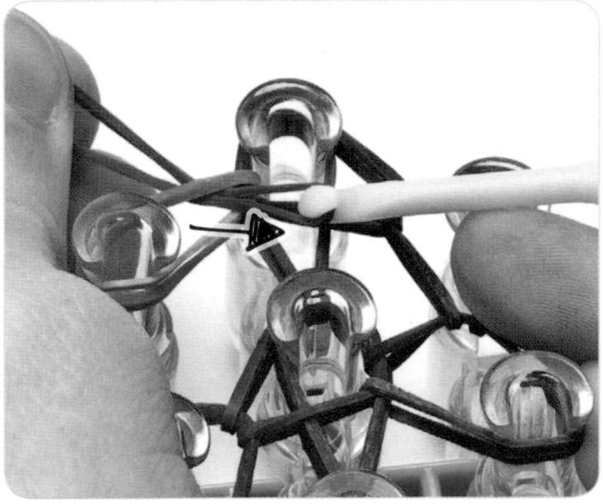

1 像做活結一樣，從中排頂端套鉤上，把剛加進來的彩虹圈兩端拉住（第16頁步驟1～2）。

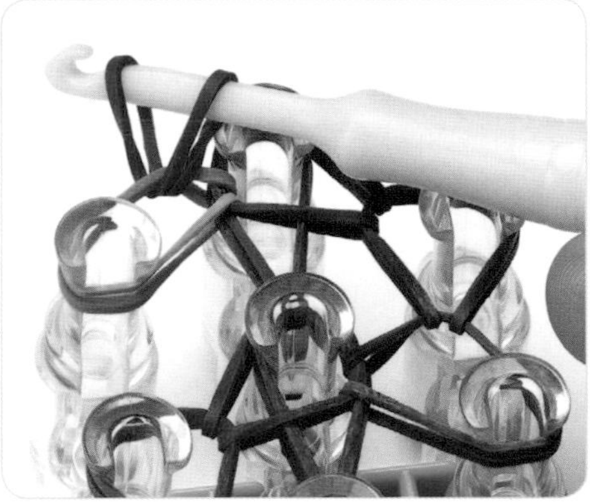

2 將拉住的彩虹圈左端放到編織棒前頭，千萬不要繞到這條右端後方，只有在做活結時，才要把拉住的彩虹圈左端放到這條彩虹圈右端後方，形成前後交叉。

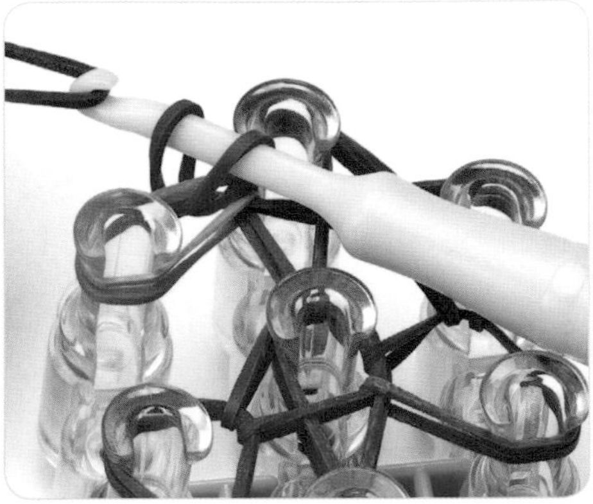

3 從現在開始用單鍊編織法，就像先前只用編織棒做單鍊手環的步驟（第14～15頁）。接下來，開始做單鍊手環吧！

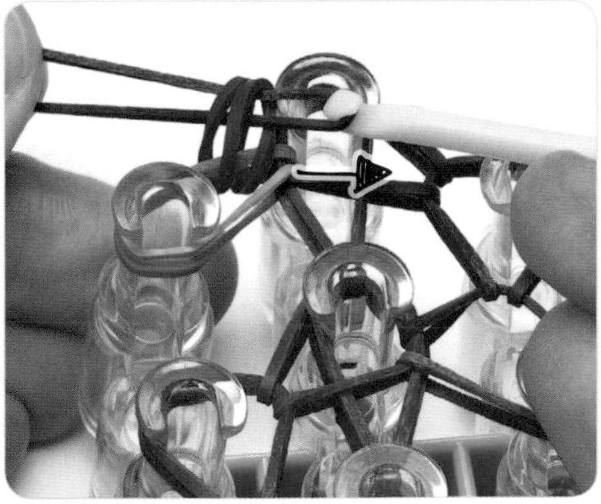

4 抓住第2條彩虹圈左端，用編織棒先旋轉再拉住右端。

5 再把第2條彩虹圈左端放到編織棒上。

手藝小訣竅！

結合運用2個編織器

當你想做1條很長的彩虹圈項鍊、1條粗大的彩虹圈手環、或者任何一款圖案複雜的彩虹圈飾品，你可能就需要用到第2個彩虹圈編織器來銜接前後兩端，這樣就可以把相同圖案的飾品，變成原來長度的2倍喔！

6 現在可以用單鍊編織法，把手環延長到需要的長度，不論你原來用什麼圖案做，單鍊編織法都可以派上用場。

單鍊串珠手環

Basic Bracelet with Beads

把酷炫的七彩串珠加進你的彩虹圈手環，看起來一定更有型！
接下來，我們要學會怎麼把串珠加到各種圖案的彩虹圈飾品裡，看你想加多少就加多少！現在開始做囉！

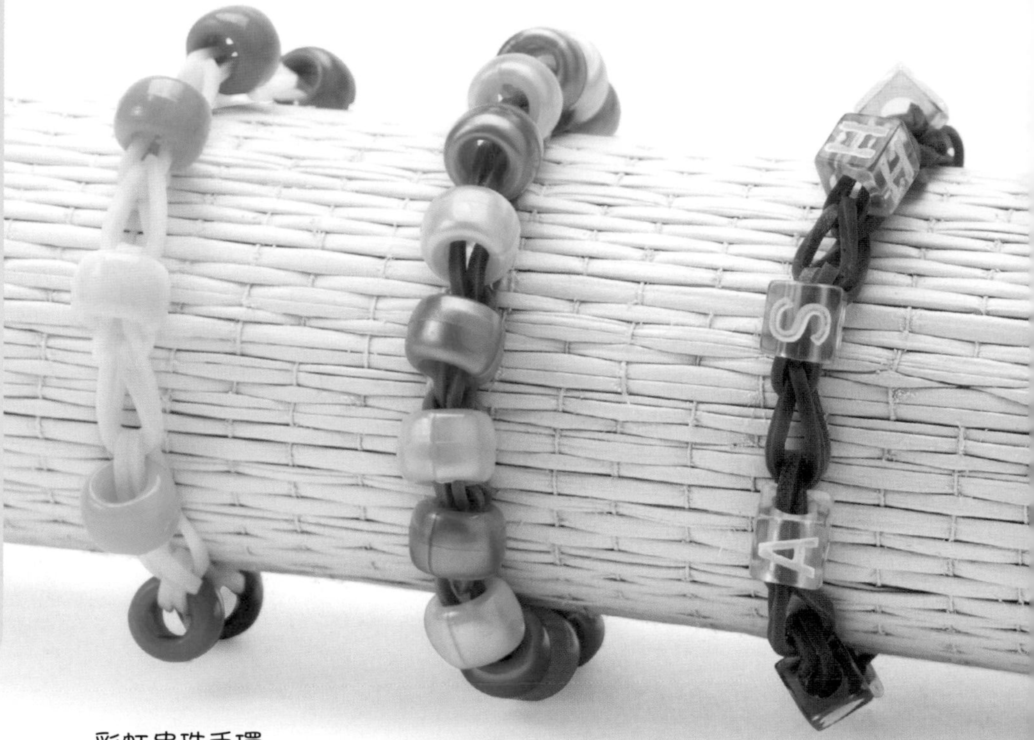

彩虹串珠手環　珠珠彩虹圈手環　姓名彩虹圈手環

以下是你需要用到的工具及材料：

17 條
白色彩虹圈橡皮筋

1 個
C型扣環

8 顆
彩色小串珠

這個圖案是根據Rainbow Loom®設計的，如果你是用別家編織器也不用擔心，只要按照順序與步驟說明做好，最後做出來的圖案一樣很讚喔！只是用不同的編織器，可能會留下一些沒用到的套鉤，不礙事的。

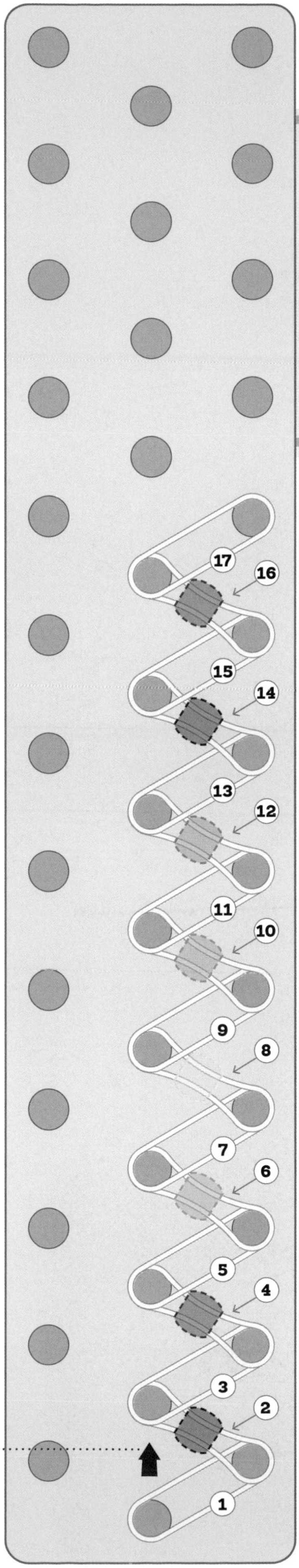

從箭頭這一側開始

基本圖案！

按照單鍊編織法，把彩虹圈放到編織器上，就會做出第9頁介紹的單鍊彩虹圈，但是，記得在放雙數彩虹圈時（第2條、第4條、第6條……依此類推），要再加進1顆彩色串珠，跟雙數彩虹圈套在編織器上，如圖所示。千萬不要在第1條或最後1條彩虹圈上放串珠。如果要做姓名字母手環，記得要把字母面朝下，放進雙數彩虹圈，而且，字母要朝向右上方而不是左下方，否則，你的姓名彩虹圈手環就會看起來左右顛倒了！

開始套圈圈吧！

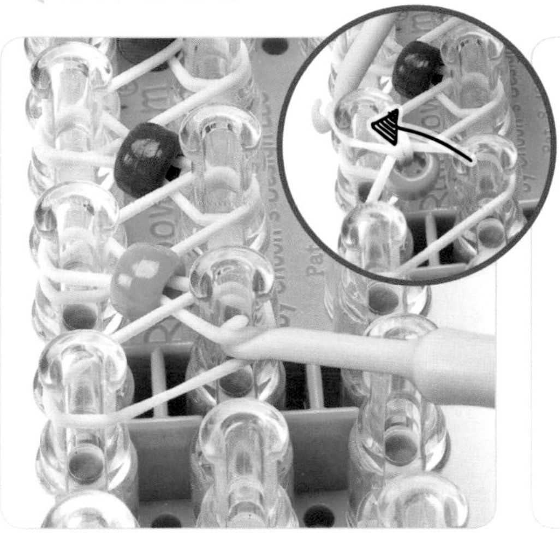

1 把編織器調轉方向，讓箭頭朝下，用單鍊編織法開始編手環。再從套著最後1顆串珠的彩虹圈開始，勾起第16條彩虹圈套進左前端套鉤。

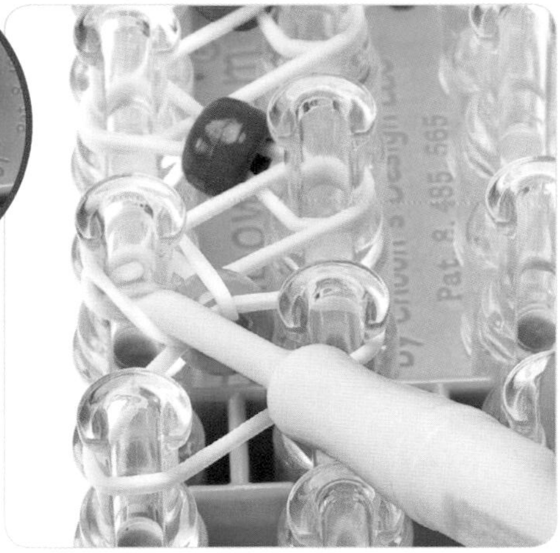

2 接著把第15條彩虹圈左下端，從第16條底下勾起來，記得先把編織棒伸進套鉤溝槽裡。那顆藍綠色串珠會擋住編織棒，可先用食指按下串珠，這樣才看得清楚。

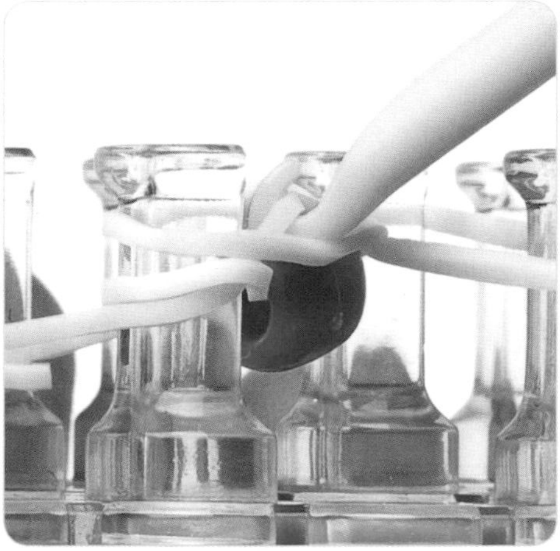

3 試著從旁邊看看你該怎麼用編織棒，把第15條彩虹圈勾出來。

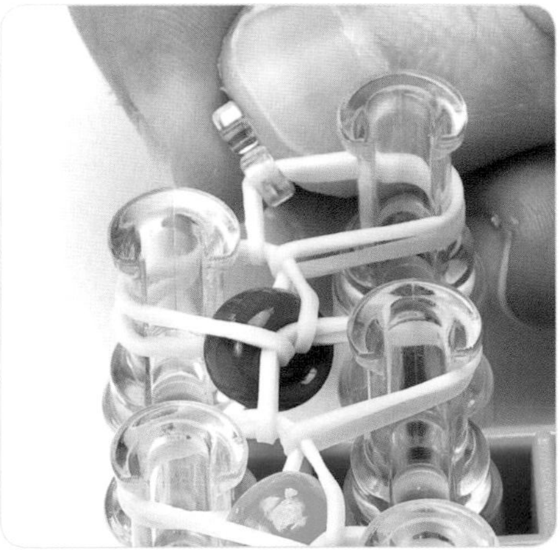

4 把剩下的彩虹圈連同串珠全部套好，最後，用C型扣環扣好第1條，再把整條手環從編織器上拉起來。

魚尾手環 Fishtail Bracelet

編魚尾手環就像大口吃派一樣簡單，只要用到2個套鉤就夠了，再按照簡單的圖案，就可以做出酷炫的魚尾手環喔！你還可以嘗試用2、3種或更多種顏色的彩虹圈，做成好幾道色彩相間、長短不等的條紋，穿插在魚尾手環中間。此外，如果還想穿插串珠，就像先前學過的串珠手環一樣，你得先把串珠套進彩虹圈，再套進編織器的套鉤就好了。不妨間隔4、5條彩虹圈之後，再套進1顆彩色串珠，看起來更有型！

棉花糖魚尾手環　大黃蜂魚尾手環　七彩串珠魚尾手環

以下是你需要用到的工具及材料：

- **18**條 粉紅色彩虹圈橡皮筋
- **15**條 綠松色彩虹圈橡皮筋
- **15**條 白色彩虹圈橡皮筋
- **2**條 綠色彩虹圈橡皮筋（備用，任何色皆可）
- **1**個 C型扣環

1 先把第1條彩虹圈做成∞字型，套進2個相鄰的套鉤，記得套鉤的中空溝槽向右，這樣編織器上的箭頭也會朝右。

2 再把2條彩虹圈依序套進相鄰的套鉤，但這2條彩虹圈不需繞成∞字型喔！

3 用編織棒勾住第1條彩虹圈∞字型左下端。

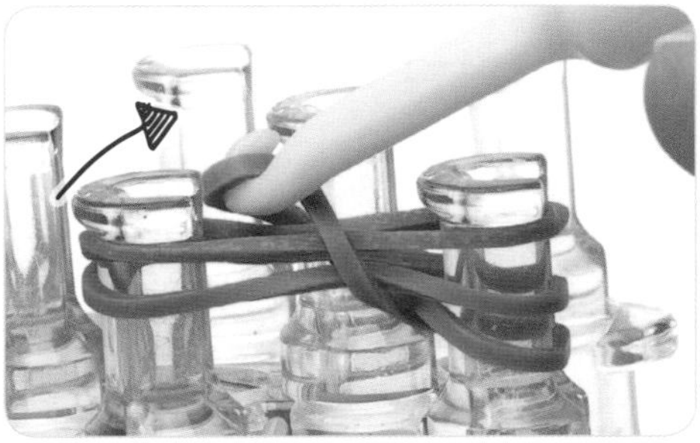

4 自第1條彩虹圈∞字型左下端最底下勾上來，越過左側套鉤，停在2個套鉤之間。

5 同樣方法把第1條彩虹圈∞字型右下端，從最底下勾上來，越過右邊的套鉤，停在2個套鉤之間。

6 現在第1條彩虹圈已經牢牢套進第2、3條彩虹圈中間了。

7 再套第4條彩虹圈到相鄰套鉤上，不要把這條繞成∞字型喔！

8 接著，把第2條彩虹圈的左、右兩端，分別從套鉤上拉起來。

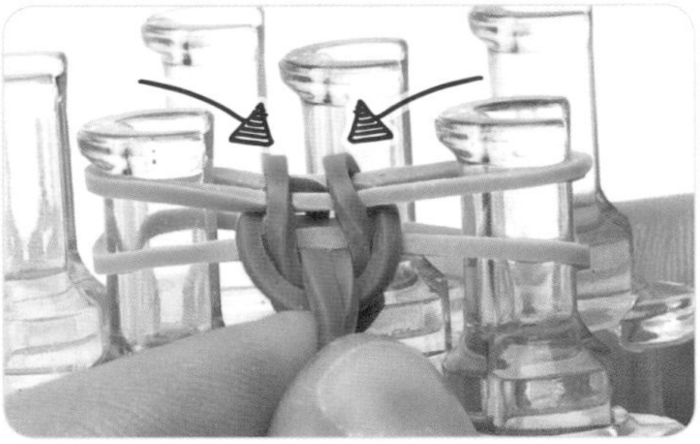

9 再套第5條彩虹圈到相鄰套鉤，依舊不要繞成∞字型。接著，把第3條左右兩端拉起。同樣方法反覆進行，就可延長手環長度。記得從頭到尾都要用拇指、食指把第1條拉好固定。

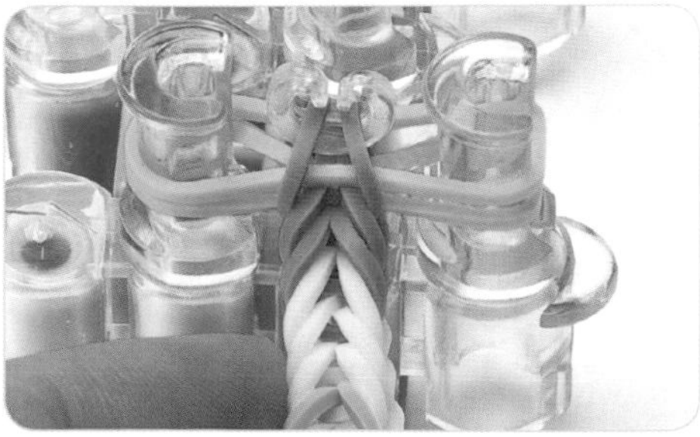

10 當你把3種顏色都編好了，還要套上2條備用彩虹圈（綠色）做收尾，然後，把最後1條彩虹圈從套鉤鬆開的兩端，用C型扣環扣好。

11 把第1條彩虹圈繞過來，也套進C型扣環，跟最後1條彩虹圈一起扣好。

12 再把魚尾手環從套鉤上拉起，把2條備用彩虹圈從最後1條彩虹圈中間拉出，這樣就大功告成了。

瀑布手環 Triple the Fun Bracelet

做條紋或鋸齒鑲嵌型的彩虹圈瀑布手環很容易！如果想讓瀑布手環看起來色調柔和協調，就可以用多種顏色做水平面的底色，再用單色做垂直面的表色，就會出現反差的襯托效果。此外，厚實的彩虹圈瀑布手環會跟你的手腕平整貼合，完全不用擔心會打結扭曲喔！

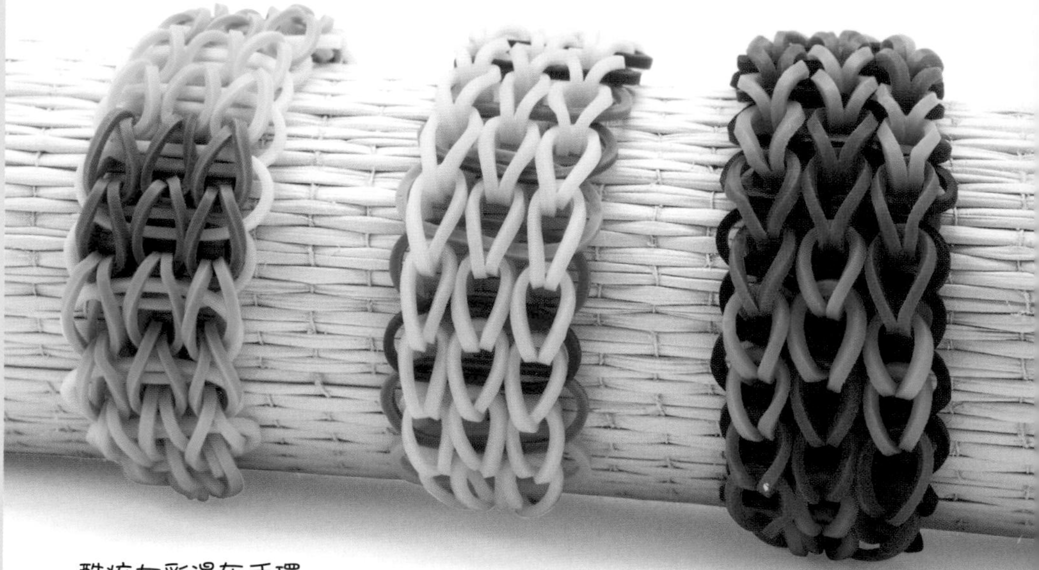

酷炫七彩瀑布手環

躲喵喵瀑布手環

鋸齒鑲嵌瀑布手環

以下是你需要用到的工具及材料：

12 條
綠松色彩虹圈橡皮筋

12 條
螢光綠色彩虹圈橡皮筋

12 條
紫色彩虹圈橡皮筋

12 條
白色彩虹圈橡皮筋（打底）

1 條
白色彩虹圈橡皮筋（收尾）

1 個
C型扣環

這個圖案是根據Rainbow Loom®設計的，如果你是用別家編織器也不用擔心，只要按照順序與步驟說明做好，最後做出來的圖案一樣很讚喔！
只是用不同的編織器，可能會留下一些沒用到的套鉤，不礙事的。

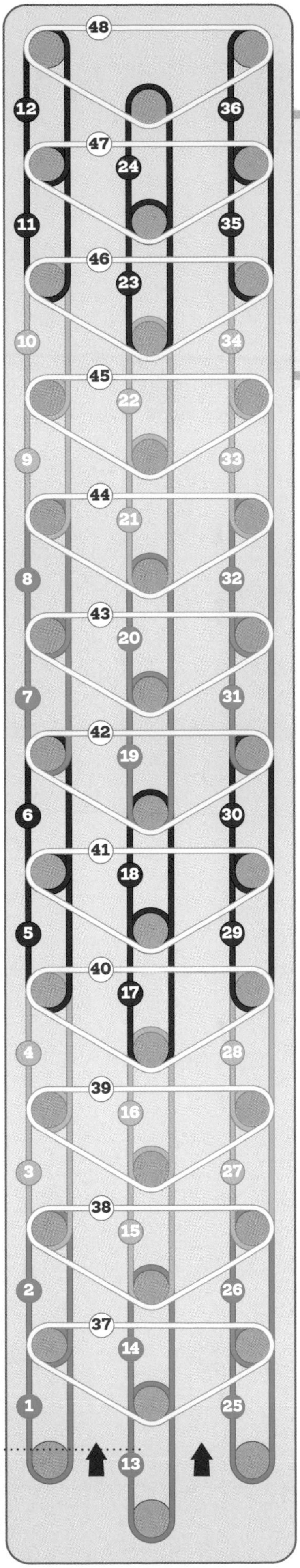

從箭頭這一側開始

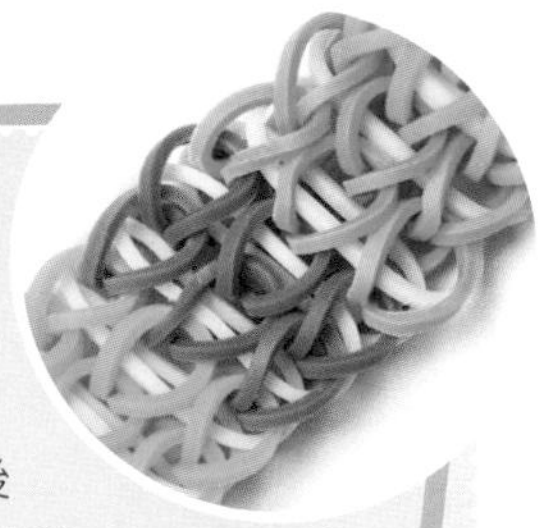

基本圖案！

如圖所示，按照順序把彩虹圈套進相鄰的套鉤，第1條跟第2條前後端共用同1個套鉤，依此類推，把3排套鉤套滿，再把打底用的白色彩虹圈，套進下排的3個套鉤，形成1個白色三角，依此類推。

開始套圈圈吧！

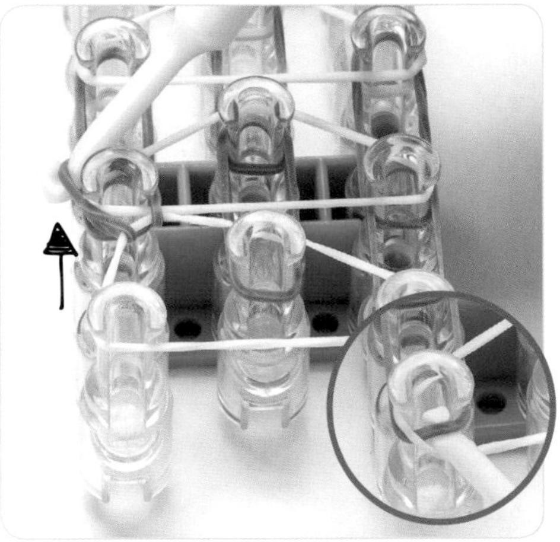

1 編織器轉過來，讓箭頭朝下，編織棒伸進左排第1個套鉤中空溝槽，把第36條彩虹圈從第48條左下端底勾出，套進前1個套鉤前端。

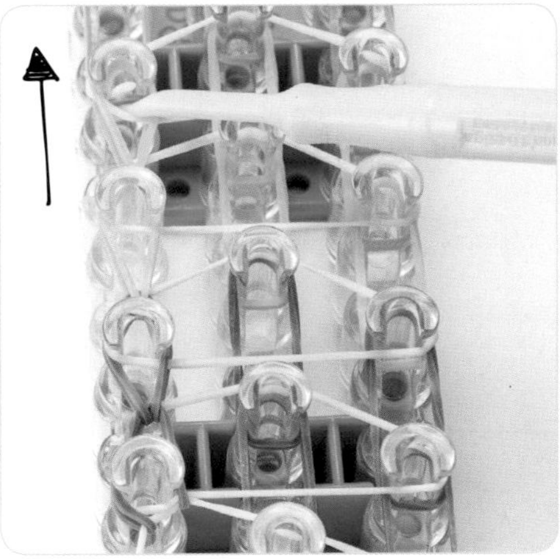

2 依照步驟1，把左排全部套進前1個套鉤，每1條垂直表色的彩虹圈都要由下而上，從後端的套鉤拉起，越過打底的白色彩虹圈，再套進前端套鉤喔！

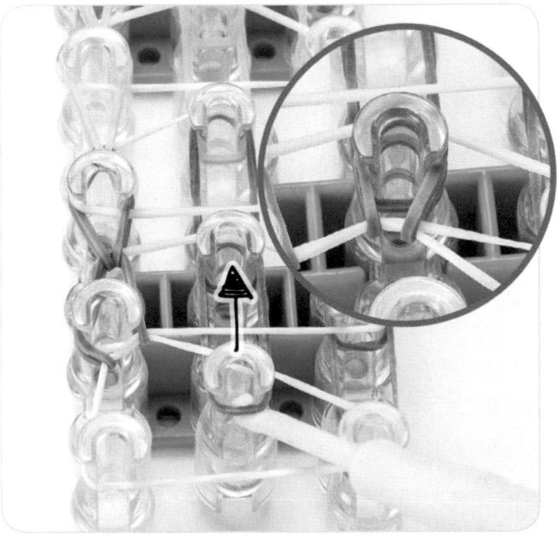

3 接下來，把第24條彩虹圈勾出，套進前1個套鉤。依此類推，由下往上把中排彩虹圈全部套進前1個套鉤。

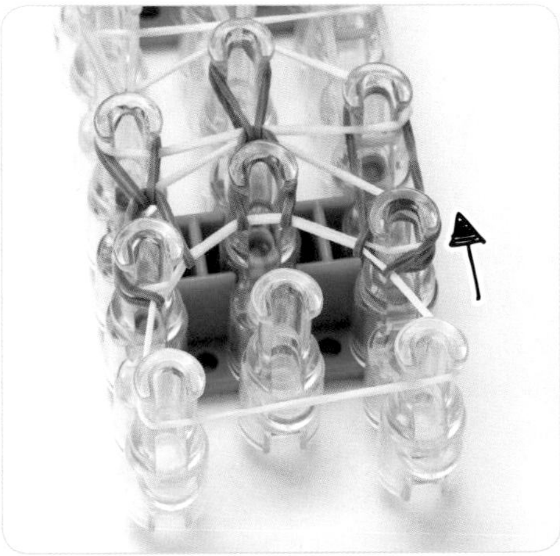

4 把右排彩虹圈也全部套進前1個套鉤。每1條垂直表色的彩虹圈都要由下而上，從後端套鉤拉起，越過打底的白色彩虹圈，再套進前端套鉤喔！

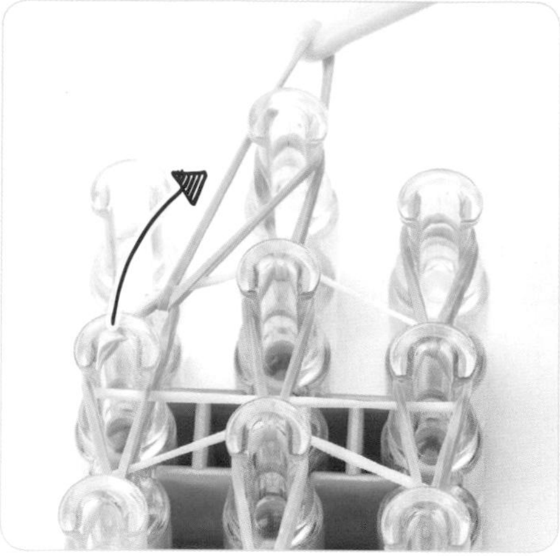

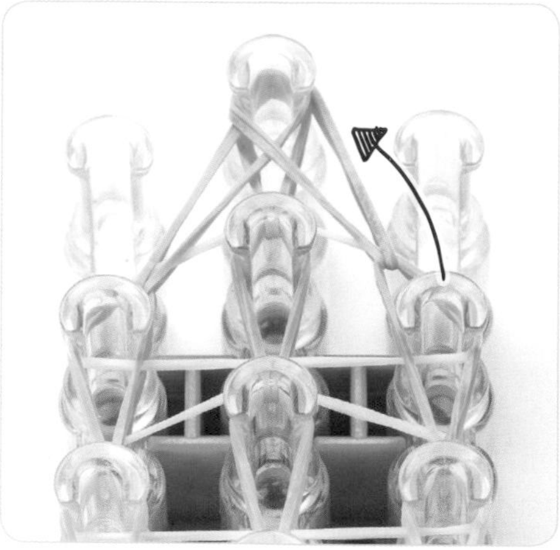

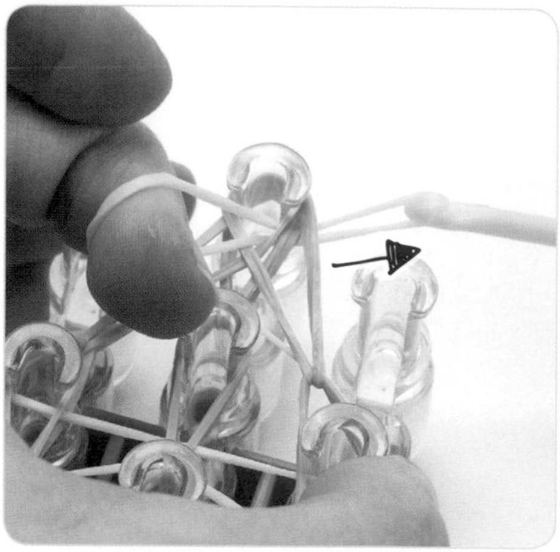

5 套到編織器的最前端，由下而上把第25條彩虹圈拉出，向右前方套到中排第1個套鉤。

6 按照步驟5，由下而上把第1條彩虹圈拉出，向左前方套到中排第1個套鉤。到此為止，中排第1個套鉤上已經套了3條彩虹圈。

7 接下來，把1條備用彩虹圈（白色）穿進中排第1個套鉤的3組彩虹圈，參考第16頁解說，做成1個活結。

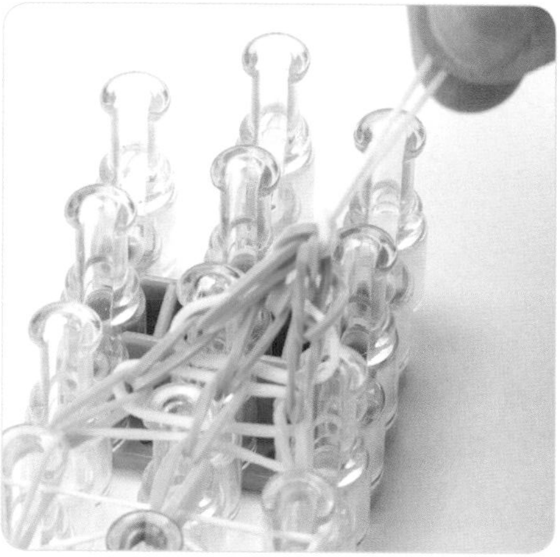

8 捏緊活結，就可以開始將手環從編織器上慢慢拉起來了。

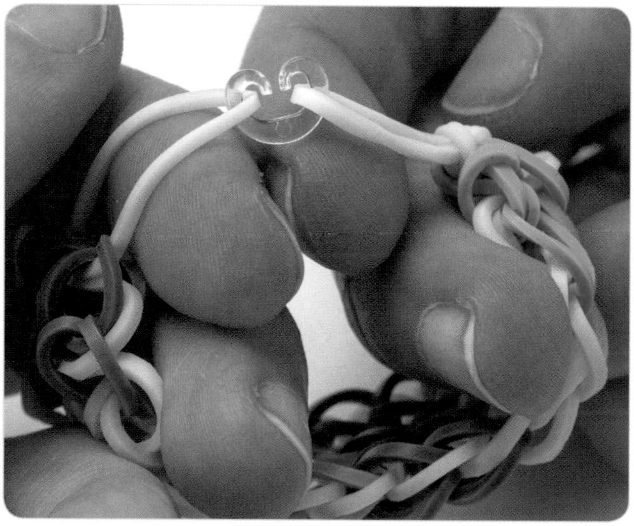

9 最後，把手環的兩端（第37條、第48條白色彩虹圈）用C型扣環扣起，就完成好看的瀑布手環了。

手藝小訣竅！

C型扣環跟C圈銅環

塑膠製成的C型扣環，基本上可說跟彩虹圈編織飾品搭配合宜。但是，如果你無法讓彩虹圈手環固定好，或者希望能讓手環經久耐用，不妨改用C圈銅環來代替C型扣環，在地的手工藝品店都可以買到C圈銅環或C型扣環。使用C圈銅環時，需要運用更多的小訣竅，因為你可能需要動用小鉗子，才可以把C圈銅環打開或閉合。C圈銅環可以把彩虹圈牢牢固定，讓彩虹圈飾品愈用愈有光彩，一天比一天更漂亮！

鋸齒鑲嵌瀑布手環：

如果不喜歡條紋，那就來試試鋸齒鑲嵌的圖案吧！只要讓左、中、右排的顏色加以穿插變化，就成了酷炫的鋸齒鑲嵌型圖案，讓原本就很有型的瀑布手環變得更有活力，更加動感。

18條綠松色、18條橘色、13條黑色（最後1條收尾）

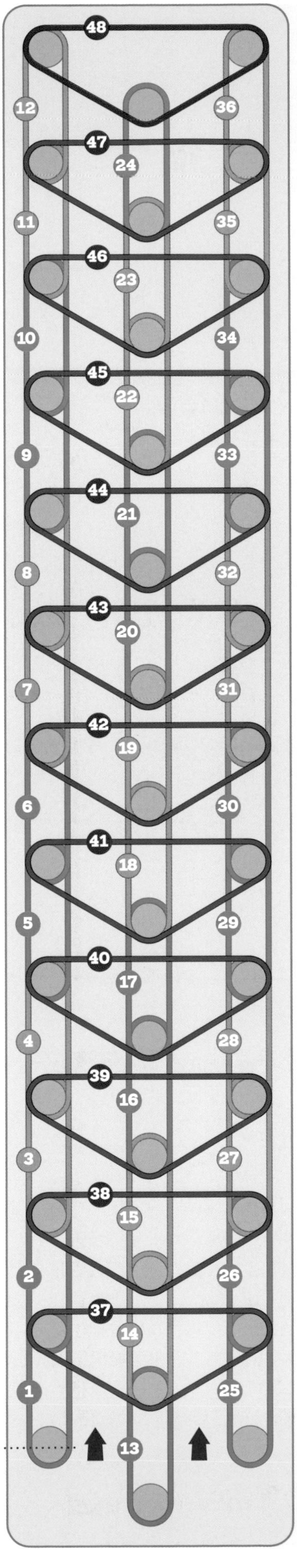

從箭頭這一側開始

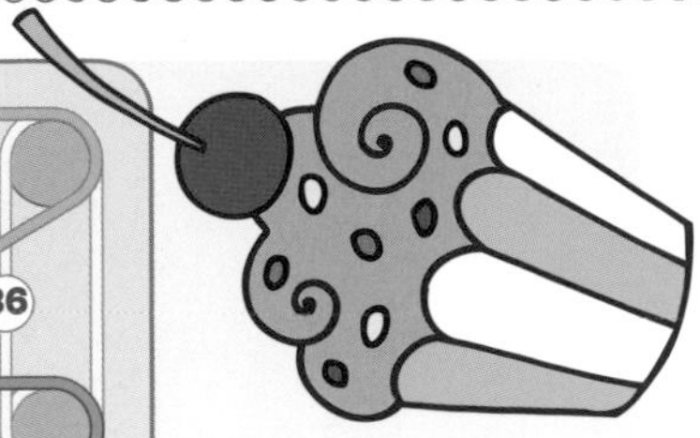

躲喵喵瀑布手環：

這麼別緻的款式，讓你的彩虹圈手環總是給人驚喜連連！仔細看清楚喔，你真的可以從躲喵喵瀑布手環裡，看到絢爛的彩虹呢！這個款式一點兒也不難，無論是用黑色或白色做底色，都可以讓絢爛的彩虹變得更耀眼。

37條白色（最後1條收尾）、1條螢光橘色、1條黃色、1條紅色、1條紫紅色、1條粉紅色、1條紫色、1條綠松色、1條海藍色、1條湛藍色、1條深綠色、1條萊姆綠色、1條螢光綠色

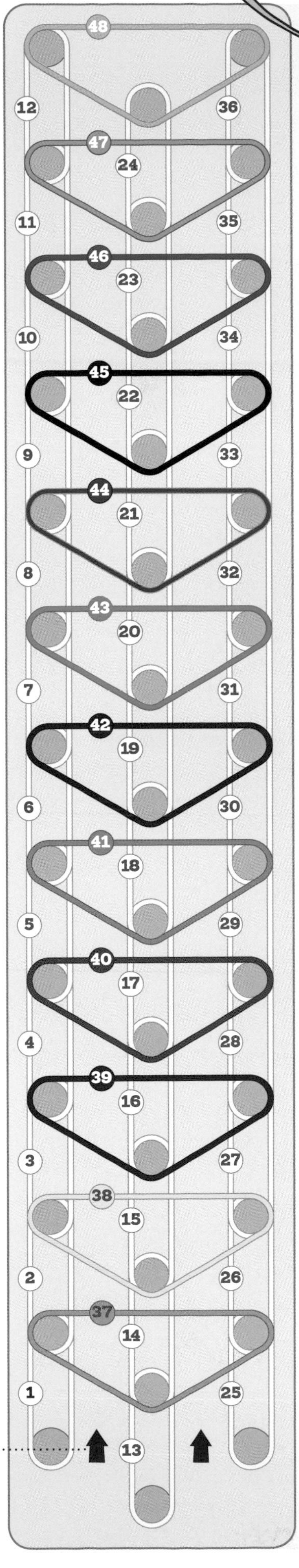

從箭頭這一側開始

奧林匹克手環 Back and Forth Bracelet

多種顏色混搭的奧林匹克手環，看起來真有趣呢！選出你喜歡的顏色，再用喜歡的圖案做前後反向編織，就會出現混搭的協調效果喔！當然，要把奧林匹克手環套好，就需要多一點技巧，但只要小心多留意，就可以做出超酷炫的奧林匹克手環！

綻放的玫瑰奧林匹克手環

綠草藍天奧林匹克手環

校風精神奧林匹克手環

以下是你需要用到的
工具及材料：

- **17** 條 粉紅色彩虹圈橡皮筋
- **17** 條 紫紅色彩虹圈橡皮筋
- **16** 條 紅色彩虹圈橡皮筋
- **1** 個 C型扣環

這個圖案是根據Rainbow Loom®設計的，如果你是用別家編織器也不用擔心，只要按照順序與步驟說明做好，最後做出來的圖案一樣很讚喔！只是用不同的編織器，可能會留下一些沒用到的套鉤，不礙事的。

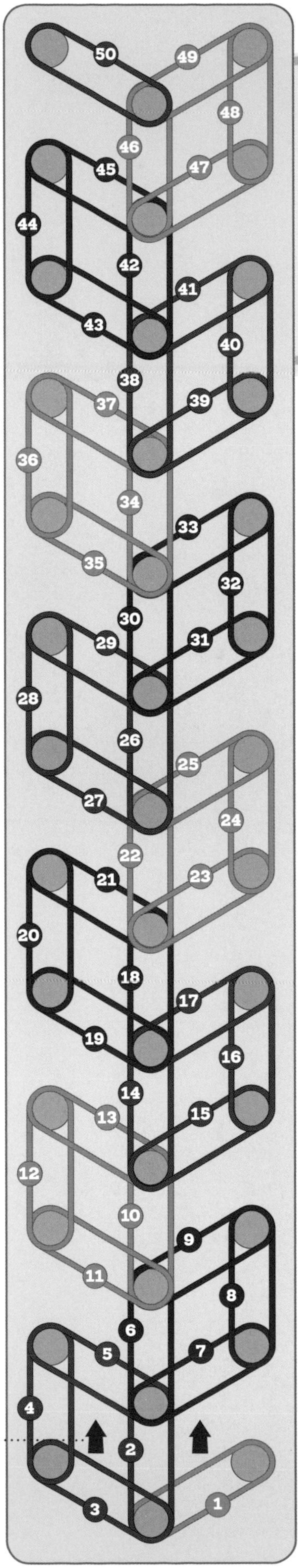

基本圖案！

首先，在編織器中排、右排最下端相鄰的套鉤，套上第1條彩虹圈，再用4條相同顏色的彩虹圈，按照前、左、前、右的順序，把第2～5條彩虹圈套成紫紅四角；接著把第6～9條彩虹圈反向套成紅色四角，依此類推；再把第10～13條彩虹圈反向套成粉紅四角，持續前後反向編織法，套成左右穿插不同顏色的四角形，直到編織器的頂端，再加上最後1條彩虹圈做收尾。

在你開始之前：

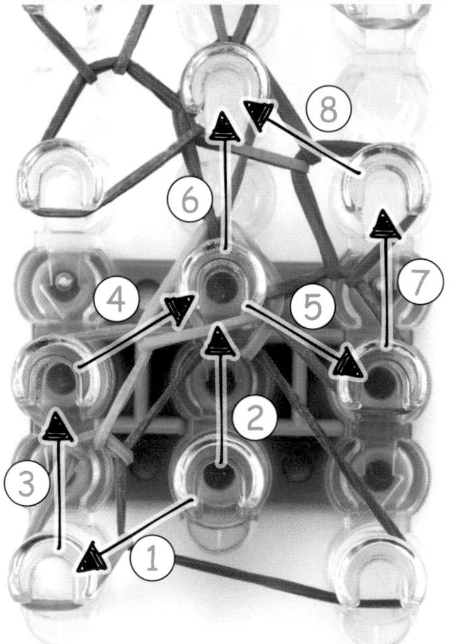

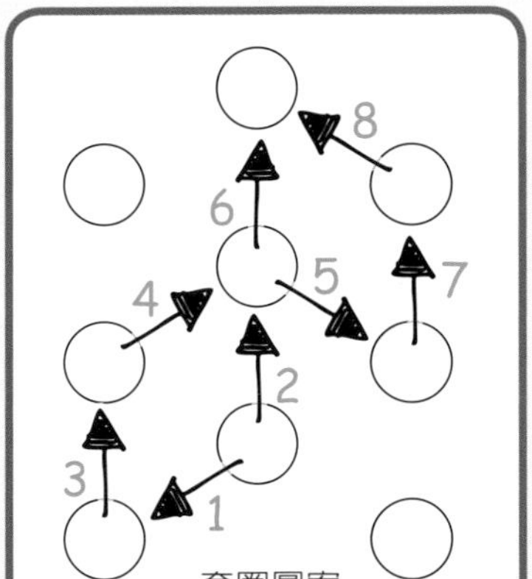
套圈圖案

當你看懂前後反向編織法的基本圖案，就會覺得奧林匹克手環的做法實在很簡單，基本上是以不同顏色的四角形為底，先按照左、前、前、右順序，套完第1個四角形，再來就反過來，套完第2個四角形，總共要套8圈。在你開始動手前，請先看懂前後反向編織法的基本圖案，然後，你就可以開始進行以下套圈順序的步驟1。

開始套圈圈吧！

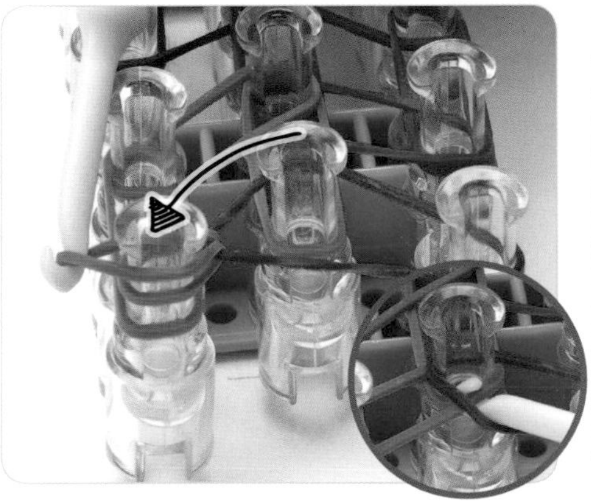

1 先把編織器轉過來，讓箭頭朝下，開始套第1圈：從中排第1個套鉤的中空溝槽裡，把第49條彩虹圈勾出，拉向左後方套進左排第1個套鉤。

2 套第2圈：接下來，從中排第1個套鉤的中空溝槽裡，把第46條彩虹圈勾出，拉向正前方套進中排第2個套鉤。

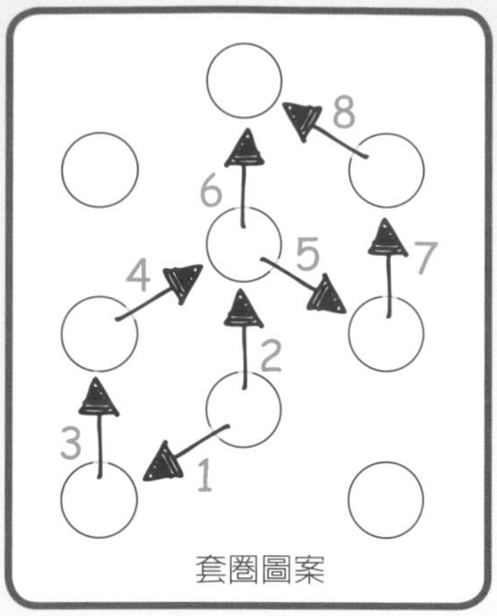

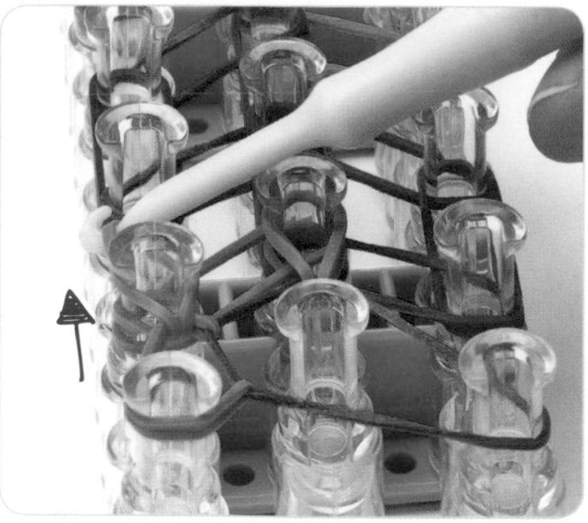

3 套第3圈：把第48條彩虹圈勾出，拉向正前方套進左排第2個套鉤。記得一定要把編織棒伸進套鉤的中空溝槽裡。

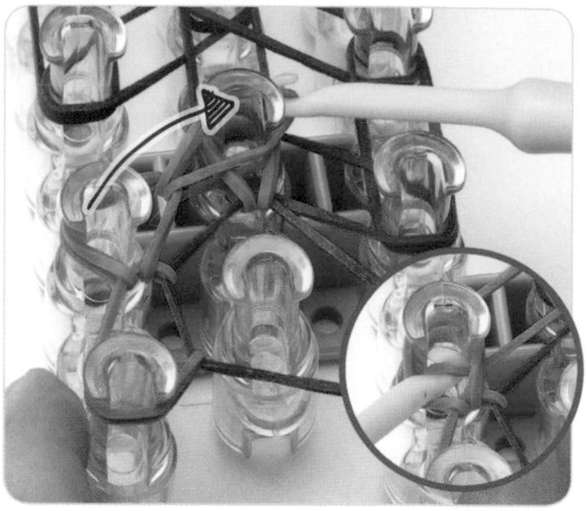

4 套第4圈：把第47條彩虹圈勾出，拉向右前方套進中排第2個套鉤，這樣就套好左排的第1個四角形。

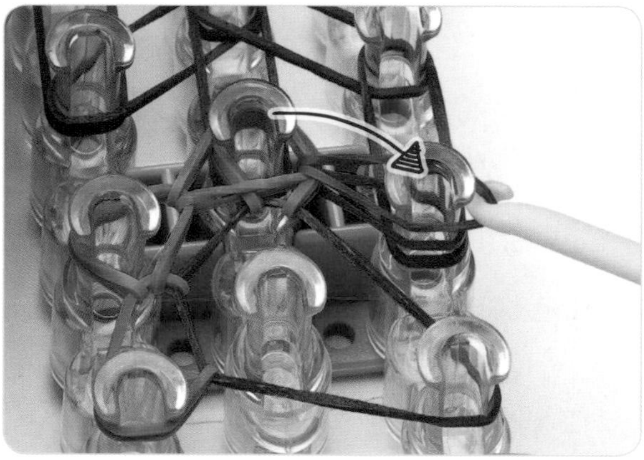

5 套第5圈：接下來開始套右排第1個四角形。把第45條彩虹圈從第46條、第47條的雙半圈底下勾出，拉向右後方套進右排第2個套鉤。記得一定要把編織棒伸進中排套鉤的中空溝槽裡。

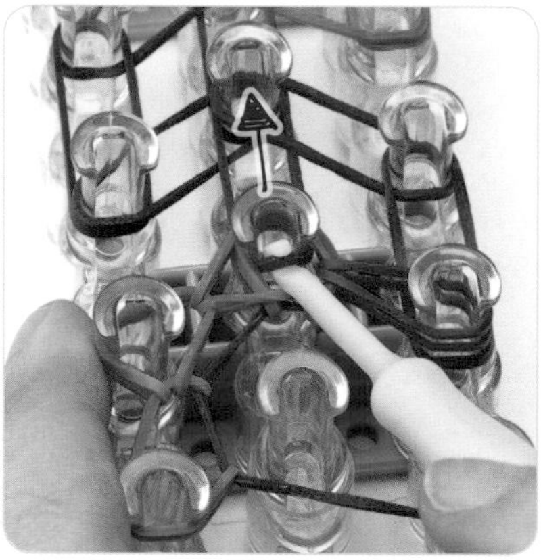

6 套第6圈：然後，把第42條彩虹圈拉向正前方，套進中排第3個套鉤。

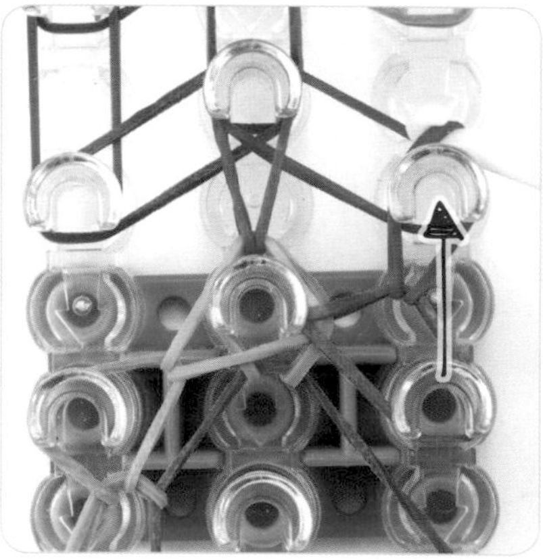

7 套第7圈：把第44條彩虹圈勾出，拉向正前方套進右排第3個套鉤。

8 套第8圈：最後，把第43條彩虹圈勾出，拉向左前方套進中排第3個套鉤。這樣就套好右排第1個四角形。接著，重複同樣的編織法，套好左排第2個四角形，再繼續套右排第2個四角形，依此類推。記得一定要按照基本圖案來套圈喔！

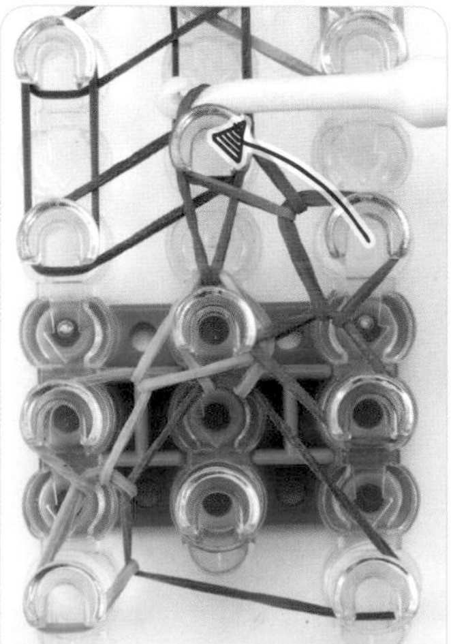

9 最後，把第1條彩虹圈拉向左後方，套進左排最後1個套鉤。

10 如果要增加長度，可以按照第17頁的做法繼續延長。最後，再用C型扣環把最後1個單鍊雙圈扣好，就大功告成了。

校風精神奧林匹克手環：

為了替校譽爭光，我們一定要戴上色彩鮮豔醒目的彩虹圈手環，現在就把校服校徽的代表色做成艷麗醒目的四角形，穿插反向混搭吧！你就是校運代表隊最拉風的選手啦！

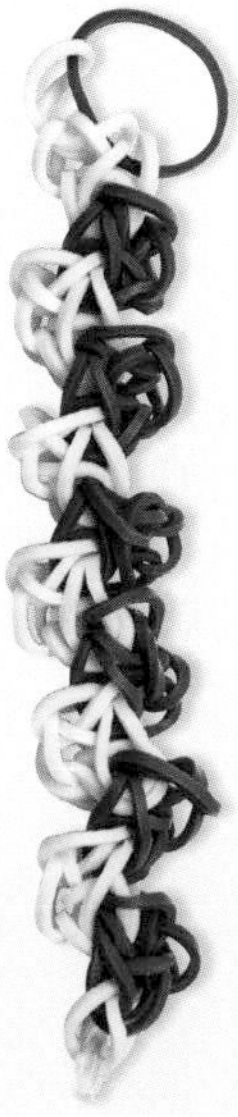

25條湛藍色、25條黃色

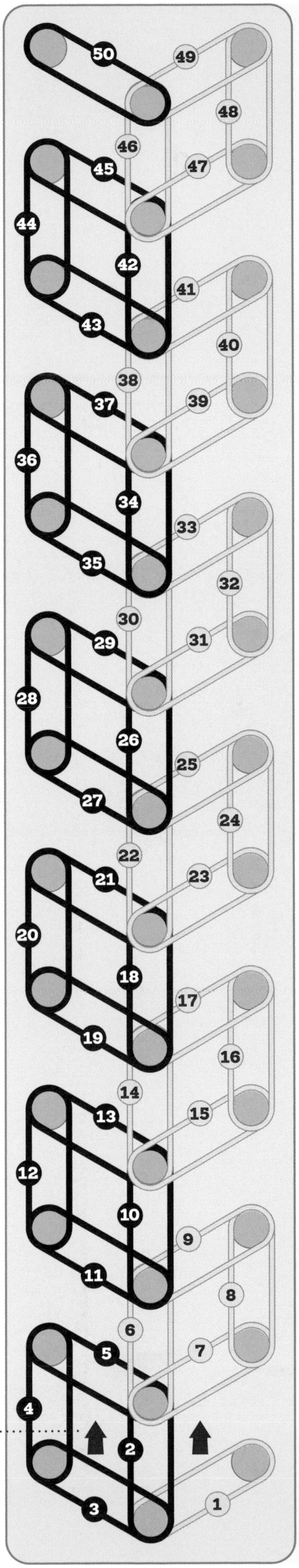

從箭頭這一側開始

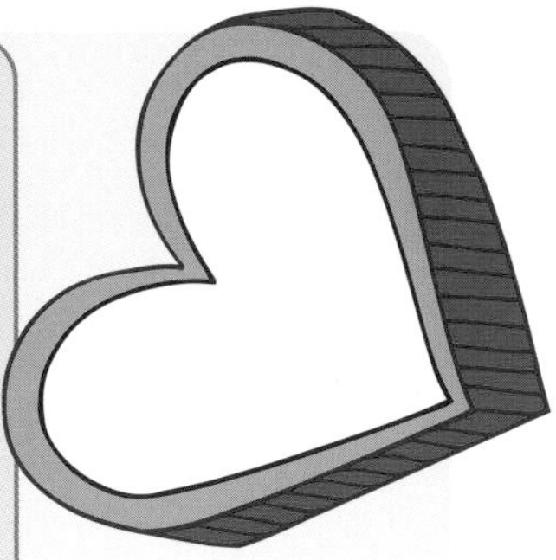

綠草藍天奧林匹克手環：

看起來很有大自然的美感，只要用2個螢光綠的四角形，跟1個綠松色的四角形前後反向混搭，就會做成一條帶著綠草藍天氣息的彩虹圈手環了，現在就去公園散步踏青吧！

33條螢光綠色、17條綠松色

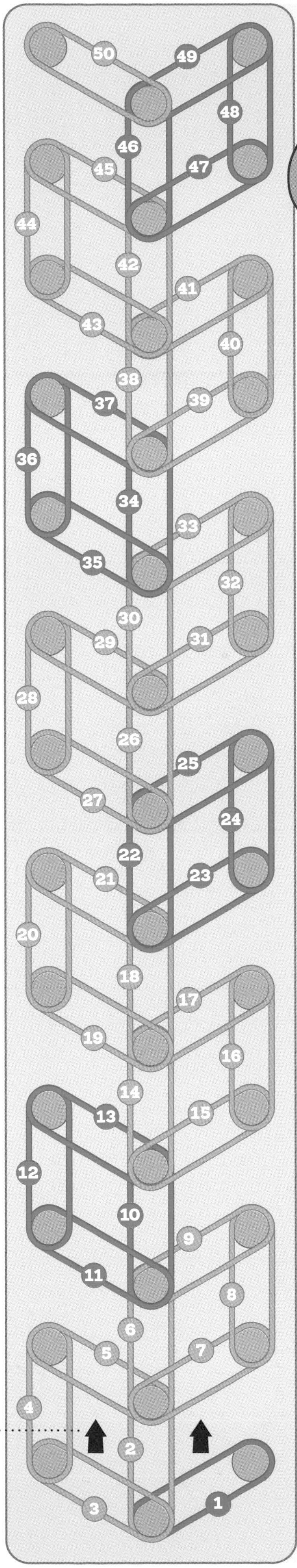

從箭頭這一側開始

拉鍊手環 Zipper Bracelet

彩虹圈拉鍊手環看起來雖然不太好用，卻很有型！你可以只用單色做拉鍊，混搭不同底色，也可以用各種顏色穿插，喜歡怎麼做就怎麼做！拉鍊手環還有一個小秘密喔！如果你把拉鍊手環由內向外翻，立刻就變成另一條全新款式的拉鍊手環啦！很酷吧！

熱帶拉鍊手環　　皇家拉鍊手環　　拉起一道彩虹拉鍊手環

以下是你需要用到的工具及材料：

- **25** 條 粉紅色彩虹圈橡皮筋
- **10** 條 綠松色彩虹圈橡皮筋
- **10** 條 螢光橘色彩虹圈橡皮筋
- **1** 條 粉紅色彩虹圈橡皮筋（收尾）
- **1** 個 C型扣環

CRA-Z-LOOM™

彩虹圈圈編織手環

「Cra-z-loom」是美國家喻戶曉的橡皮筋編織品牌，產品不僅符合潮流，更有通過歐盟規範的無毒保證 ，讓家長安心購買，孩子也玩得開心！

2013年更被票選為美國小朋友最想擁有的耶誕節禮物之一，與歐美同步流行，千變萬化的彩色橡皮圈編織，可編織出手環、戒子、髮飾，還能夠編織出立體的吊飾和公仔，更能幫助提昇孩子的專注力、創造力及美感，也可以與孩子一起編織，增加親子間的感情喔！

彈性最佳 全美銷售第一

這個圖案是根據Rainbow Loom®設計的，如果你是用別家編織器也不用擔心，只要按照順序與步驟說明做好，最後做出來的圖案一樣很讚喔！只是用不同的編織器，可能會留下一些沒用到的套鉤，不礙事的。

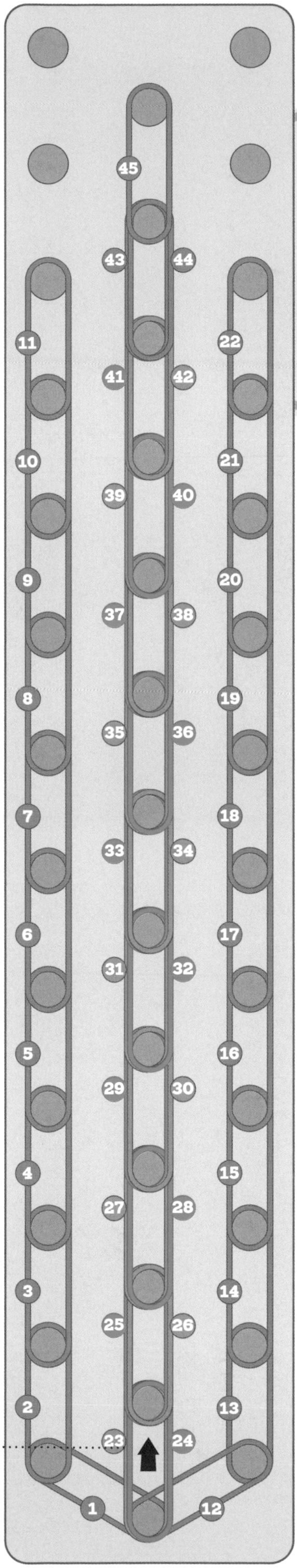

從箭頭這一側開始

基本圖案！

首先，按照圖示順序，將左右2排套鉤套滿彩虹圈，但最上面的4個空下來。然後，在中排套鉤上，兩兩一組套上螢光橘色及綠松色彩虹圈，訣竅是一次放1條就好，這樣才不會打結。為了讓手環看起來夠拉風，務必要按照順序把螢光橘色、綠松色彩虹圈，一上一下成雙成對套進中排套鉤裡，再以第43～45條粉紅色彩虹圈結尾。

開始套圈圈吧！

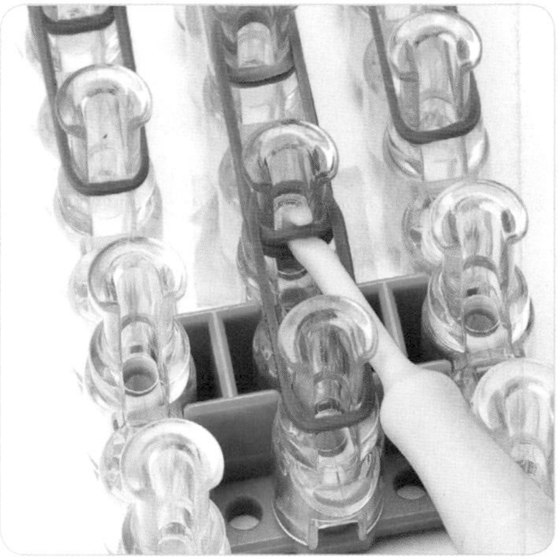

1 先把編織器轉過來，把第44條彩虹圈勾出來，記得不要讓第43條、第44條彩虹圈打結了。

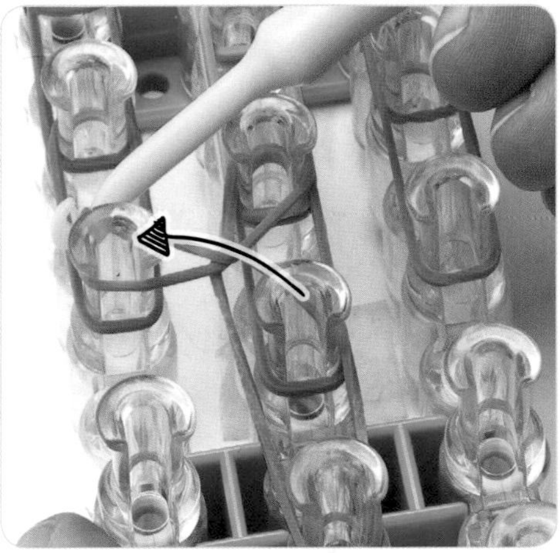

2 再把第44條彩虹圈向左前方套進左排第3個套鉤。

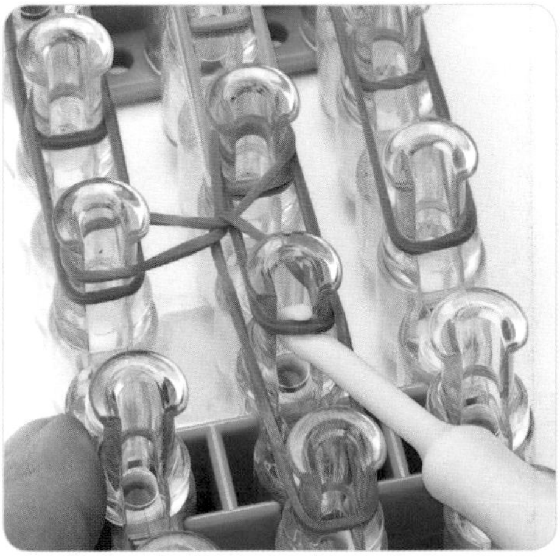

3 把剩下第43條彩虹圈勾出來。

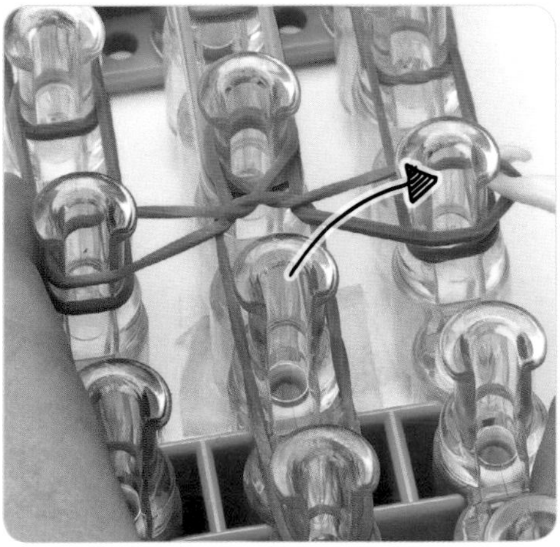

4 再把第43條彩虹圈向右前方套進左排第3個套鉤。

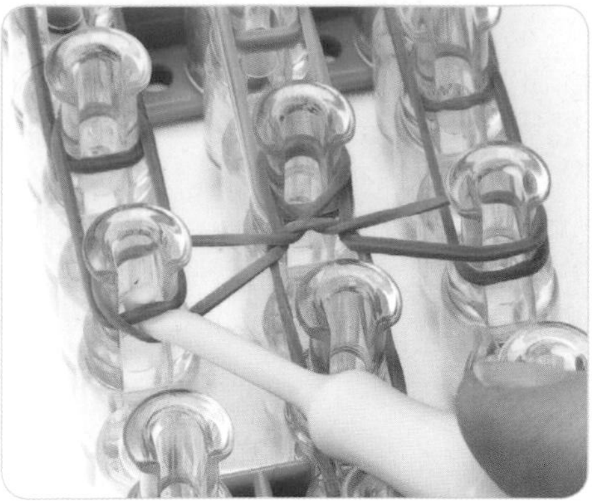

5 把第22條彩虹圈勾出來，記得一定要先伸進左排第3個套鉤的中空溝槽裡，而不是從外側勾出來。

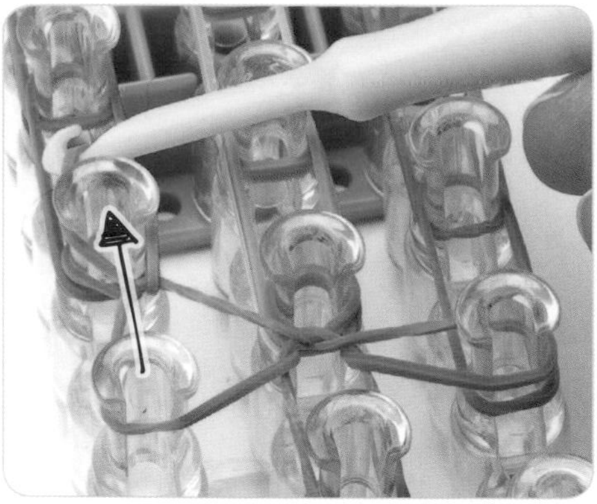

6 把第22條彩虹圈向正前方套進左排第4個套鉤。

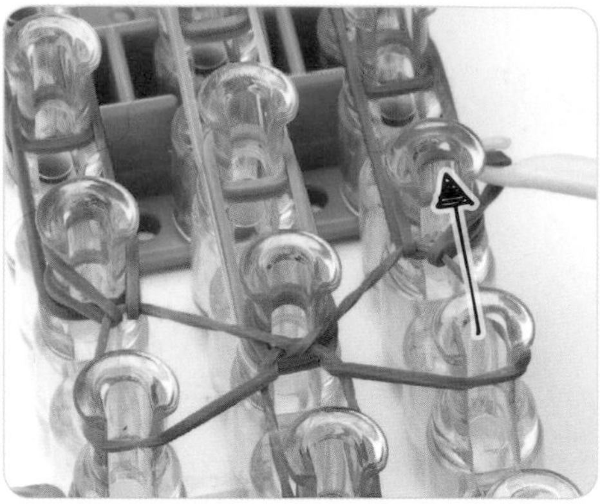

7 按照步驟5、6，把第11條彩虹圈勾出來，向正前方套進右排第4個套鉤。

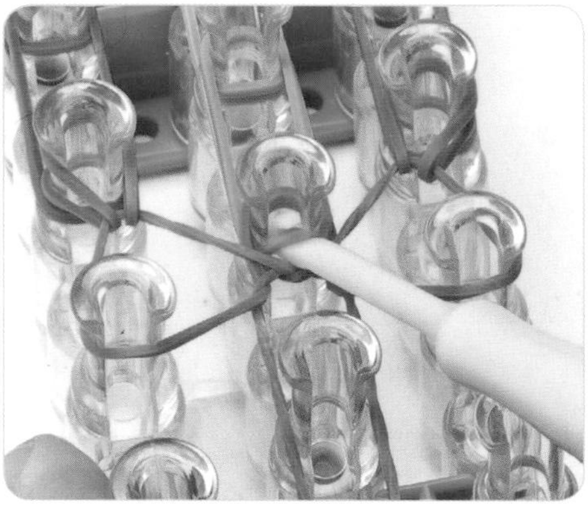

8 用編織棒伸進中排第3個套鉤的中空溝槽裡，把第42條彩虹圈從第43條、第44條彩虹圈底下勾出來。

9 把第42條彩虹圈（螢光橘色）向左前方套進左排第4個套鉤。

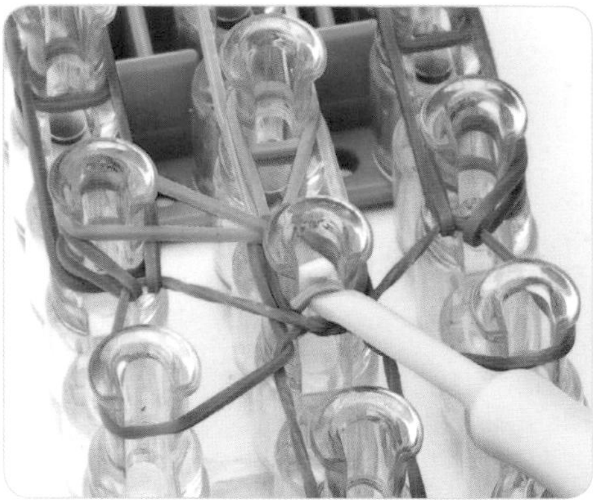

10 按照步驟8、9，把第41條彩虹圈（綠松色），向右前方套進右排第4個套鉤。記得一定要把編織棒伸進中排第3個套鉤的中空溝槽裡，而不是從外側勾出來。

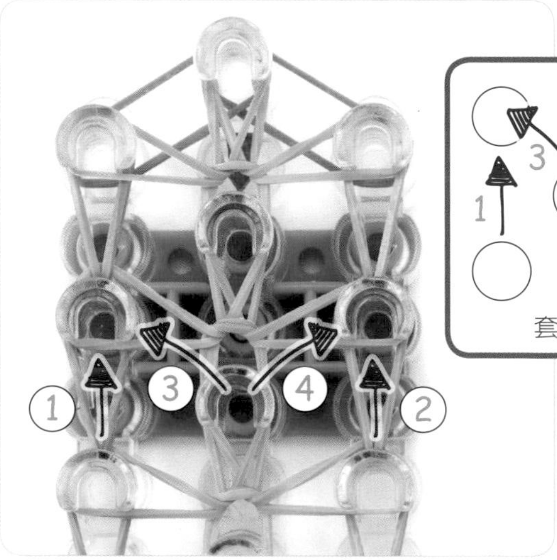

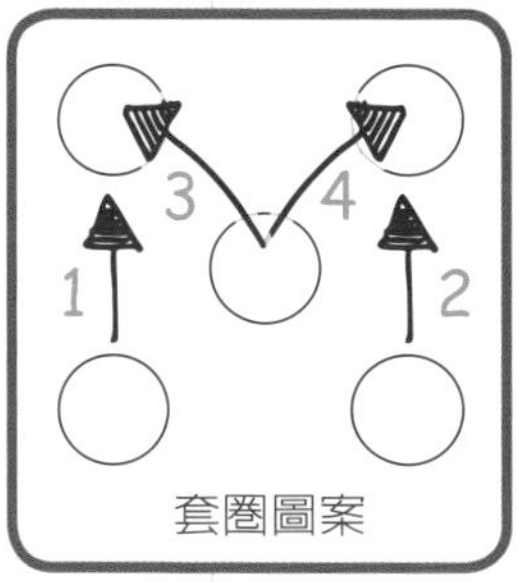

11 依此類推，完成拉鍊手環的套圈步驟：先從左排向前套圈，再從右排向前套圈，接著，從中排向左前方套圈，最後，再從中排向右前方套圈；當你從中排向左前方套圈時，要勾起套在上方的彩虹圈；當你從中排向右前方套圈時，要勾起套在下方的彩虹圈，上下順序不能出錯。

12 最後，把第12條彩虹圈向右前方套進中排最後1個套鉤，再把第1條彩虹圈向左前方套進中排最後1個套鉤。

13 參照第16頁解說，在中排最後1個套鉤打活結；如果想延長手環，可以參照第17頁解說，多加幾個單鍊套圈；最後，從編織器上拉起整條手環，就完成了。

26條紫色（包含最後1條收尾）、20條黃色

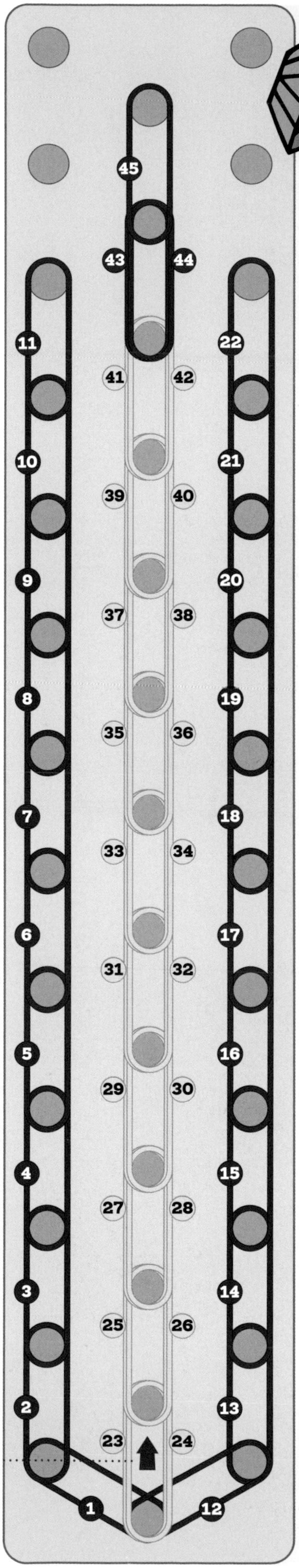

從箭頭這一側開始

皇家拉鍊手環：

戴上這條代表皇家色彩的拉鍊手環，你會覺得自己彷彿就是女皇親臨天下！這條皇家拉鍊手環，只用象徵貴族的黃色、紫色，而且，只用黃色做手環中間的拉鍊，所以，在套圈的時候，記得留意是否把每一條黃色彩虹圈都套對位置！

26條白色（包含最後1條收尾）、2條黃色、2條螢光橘色、2條紅色、2條紫紅色、2條粉紅色、2條萊姆綠色、2條藍綠色、2條綠松色、2條湛藍色、2條紫色

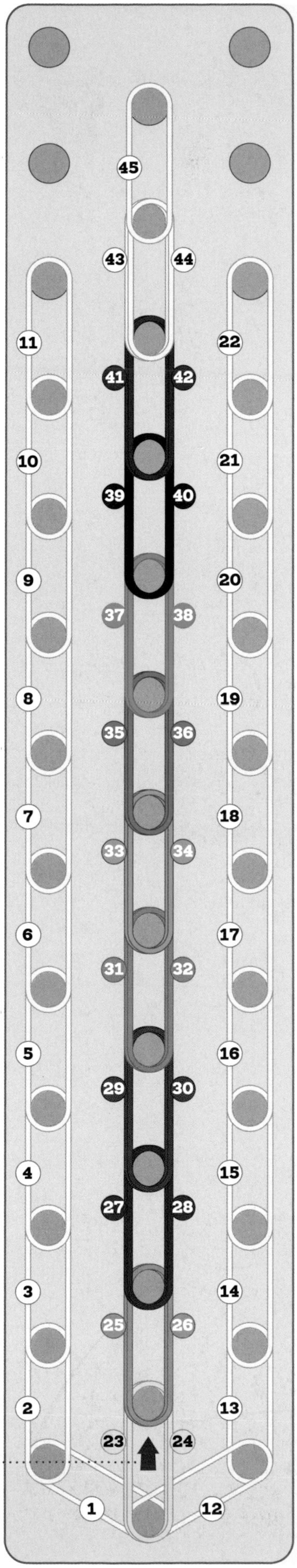

從箭頭這一側開始

拉起一道彩虹拉鍊手環：

七彩繽紛的彩虹最適合做彩色拉鍊，你看，這麼漂亮的成品就是證明！用白色彩虹圈做底色，讓彩色拉鍊顯得更醒目呢！

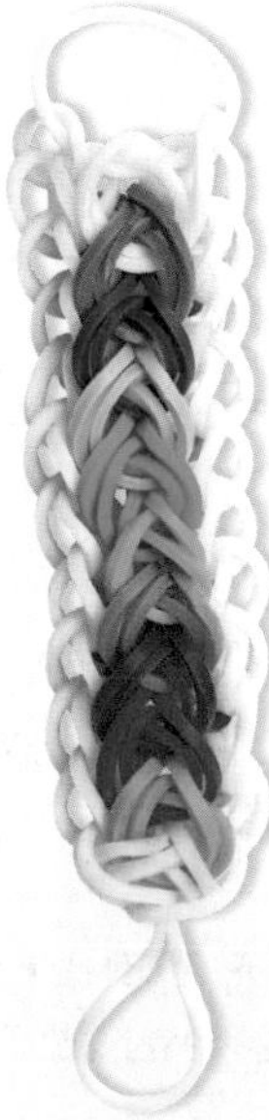

星芒手環 Starburst Bracelet

做星芒手環正好可以發揮你的編織神技！首先，你得學會怎麼做彩色星芒編織法，然後從基本圖案開始變化，掌握如何變換各種不同顏色的秘訣。一旦抓到訣竅，你就可以開始嘗試各種不同顏色，來套用彩色星芒編織法！

彩色星芒手環　彩虹星芒手環　美麗牡丹星芒手環

以下是你需要用到的工具及材料：

- 33條 白色彩虹圈橡皮筋
- 6條 紅色彩虹圈橡皮筋
- 6條 螢光橘色彩虹圈橡皮筋
- 6條 黃色彩虹圈橡皮筋
- 6條 萊姆綠色彩虹圈橡皮筋
- 6條 綠松色彩虹圈橡皮筋
- 6條 紫色彩虹圈橡皮筋
- 1條 白色彩虹圈橡皮筋（收尾）
- 1個 C型扣環

這個圖案是根據Rainbow Loom®設計的，如果你是用別家編織器也不用擔心，只要按照順序與步驟說明做好，最後做出來的圖案一樣很讚喔！只是用不同的編織器，可能會留下一些沒用到的套鉤，不礙事的。

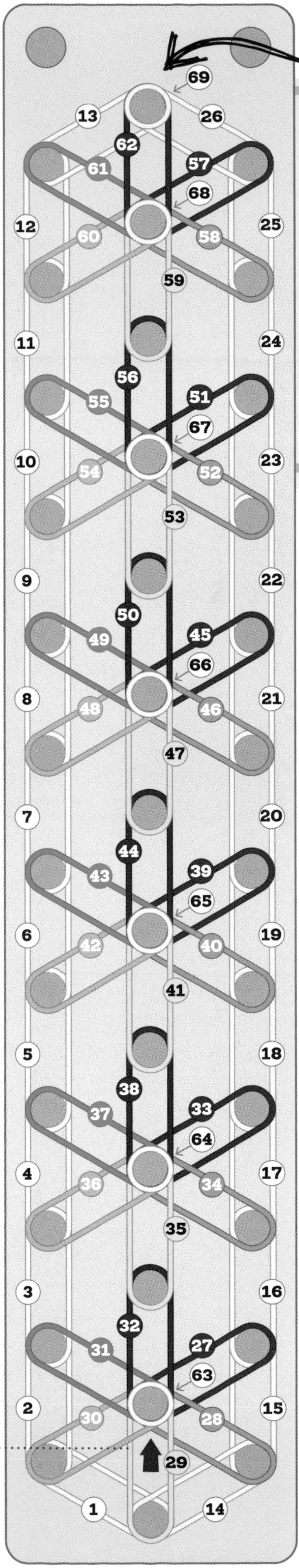

從箭頭這一側開始

這裡喔！

基本圖案！

星芒手環其實很簡單！先從中排最上面那個套鉤開始，將左、右兩排套鉤套滿。接下來，按照圖案所示，將紅色、螢光橘色、黃色、萊姆綠色、綠松色、紫色的彩虹圈，依照順時針方向，套成6顆彩色星芒，一定要遵照圖案所標示的順序。記得最後要將白色彩虹圈繞2圈，套在每個星芒正中央的套鉤上。
然後，從第63～68條彩虹圈開始，分別套進6顆星芒正中心的套鉤，再用第69條彩虹圈，套進中排倒數第1個套鉤。其實沒有什麼訣竅可言，只要按照順序，根據圖案所示套圈圈，就像用橡皮筋綁辮子一樣，很簡單吧！

開始套圈圈吧！

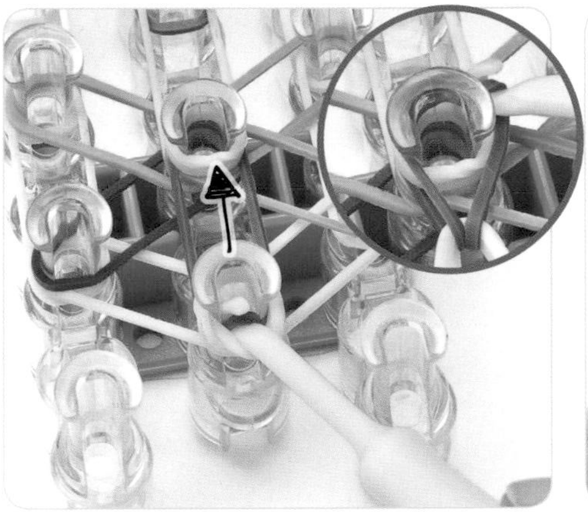

1 先把編織器轉過來，讓箭頭朝下，從中排第1個套鉤的中空溝槽裡，把第62條彩虹圈勾出來，向正前方套進中排第2個套鉤。

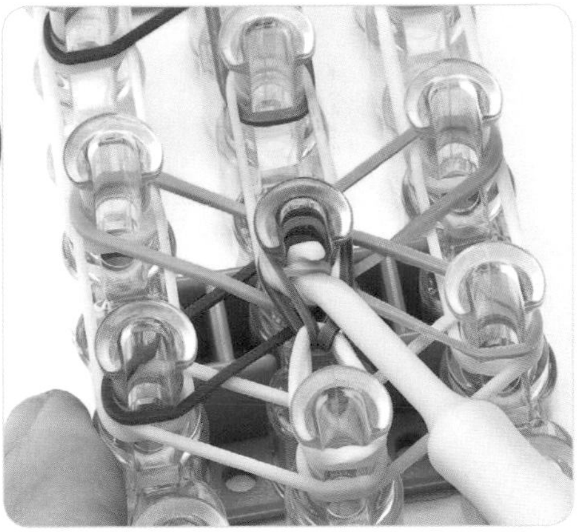

2 接下來，用編織棒從中排第2個套鉤的中空溝槽裡，把第61條彩虹圈勾出來，記得一定要先把編織棒從套鉤中央伸進，避開第62條、第68條彩虹圈喔！

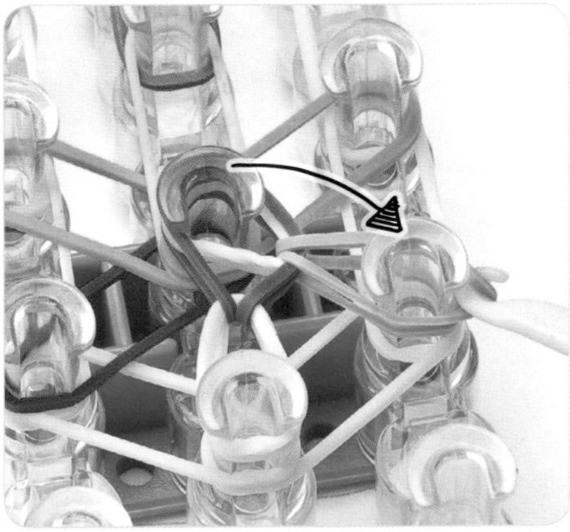

3 勾住第61條彩虹圈左上端，向右後方套進右排第2個套鉤。這裡正是彩色星芒編織法的最關鍵步驟，只要一開始做對了，往後就一帆風順了。

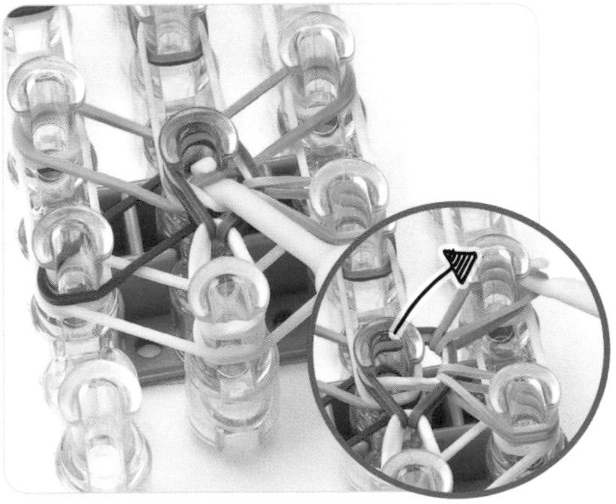

4 繼續從中排第2個套鉤的中空溝槽裡，也就是第1個彩色星芒的正中心套鉤，把第60條彩虹圈勾出來，向右前方套進右排第3個套鉤。

5 接下來，按照逆時針方向，根據前面的做法，把第1個彩色星芒的6個雙半圈全都套好，全都套好後，就會看到彩色星芒正中心的周圍，分別由白色、綠松色、萊姆綠色、黃色、螢光橘色、紅色的雙半圈所組成。

6 請參考圖案所標示的順序，完成剩下的5個彩色星芒：先從正下端的紫色彩虹圈開始，向正前方套進正中央的套鉤。然後，根據前面做法，從彩色星芒右下端綠松色的彩虹圈開始，依序是萊姆綠、黃色、螢光橘色、紅色，把6個雙半圈全都套好。

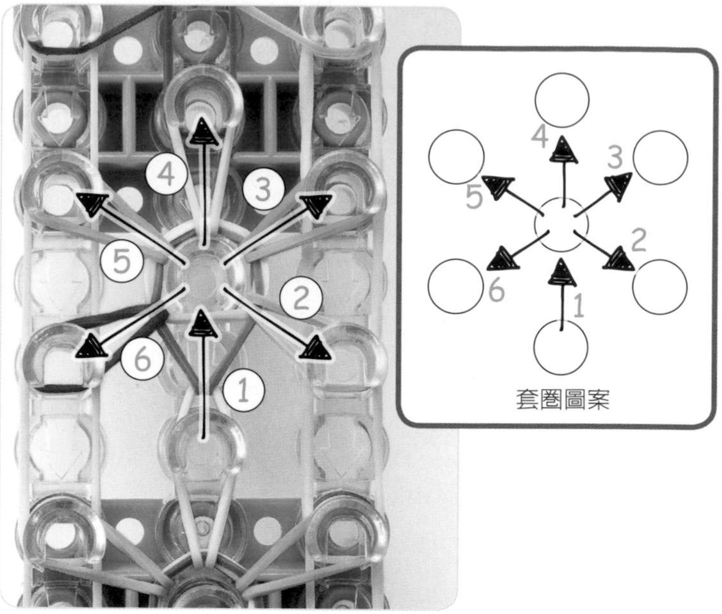

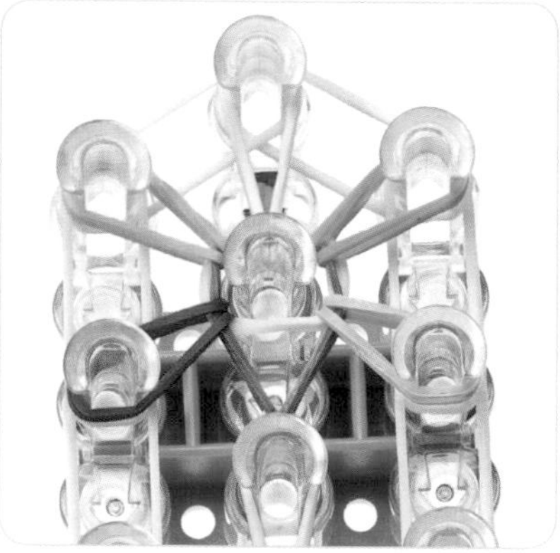

7 依此類推，完成中排所有的彩色星芒，記得一定要先把編織棒伸進套鉤的中央溝槽裡，再勾出來。

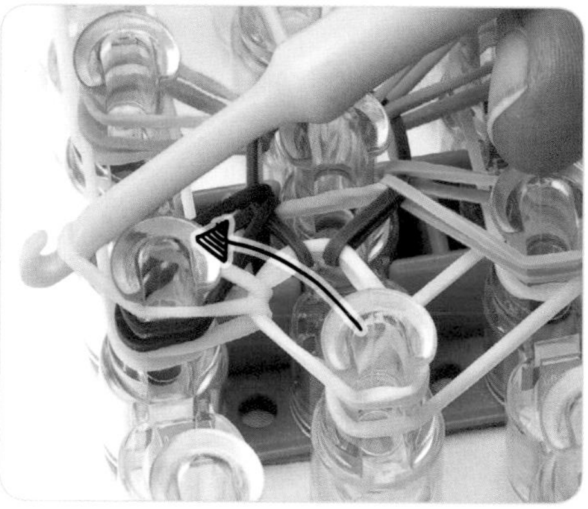

8 接下來，回到中排第1個套鉤，把第26條彩虹圈勾出來，向左前方套進左排第2個套鉤，記得要鉤對第26條白色彩虹圈喔！

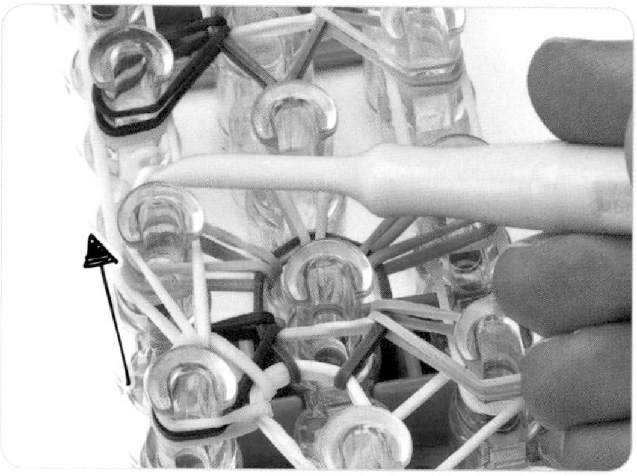

9 再從左排第2個套鉤開始，把第25條彩虹圈勾出來，向正前方套進左排第3個套鉤。依此類推，把左排第25～第15條彩虹圈，向正前方套進前一個套鉤，由下而上全都套成雙半圈。

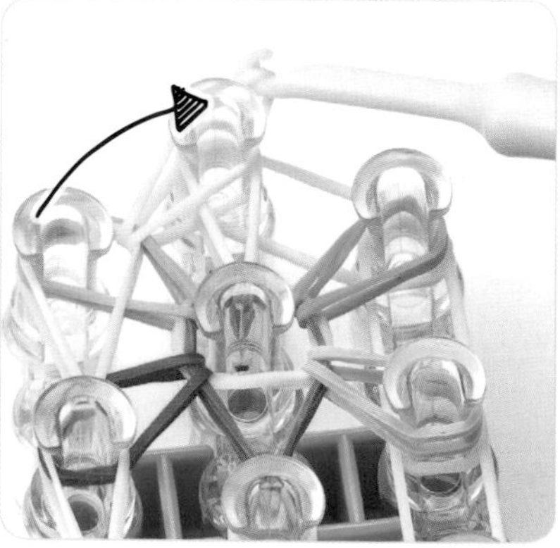

10 接著，從左排倒數第1個套鉤，把第14條彩虹圈勾出來，向右前方套進中排倒數第1個套鉤。

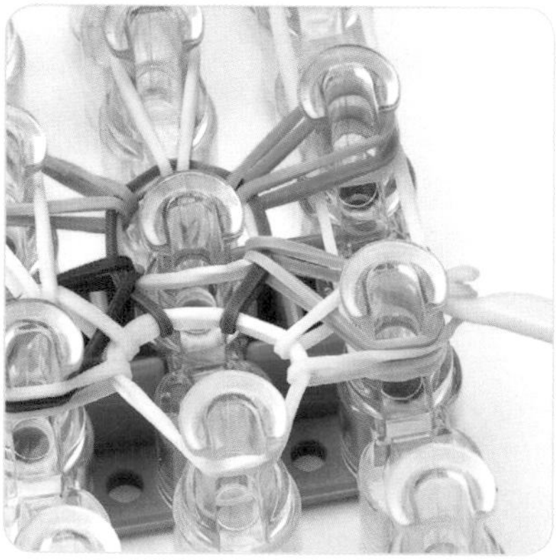

11 再回到中排第1個套鉤，按照步驟8～10，把第13條彩虹圈勾出來，向右前方套進右排第2個套鉤。依此類推，由下而上把右排第12～第2條彩虹圈套完。

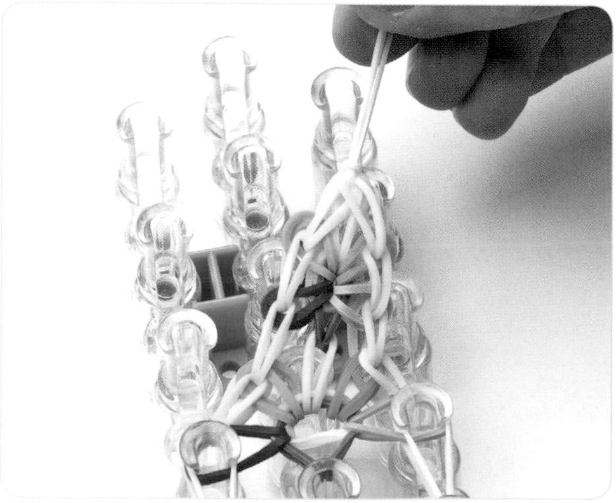

12 參考第16頁解說，用收尾的最後1條彩虹圈，在中排倒數第1個套鉤打活結；如果想延長手環，可以參照第17頁解說，多加幾個單鍊套圈。最後，從編織器拉起整條星芒手環，星芒手環就大功告成了。

34條黑色（包含最後1條收尾）、6條紅色、6條螢光橘色、6條黃色、6條萊姆綠色、6條綠松色、6條紫色

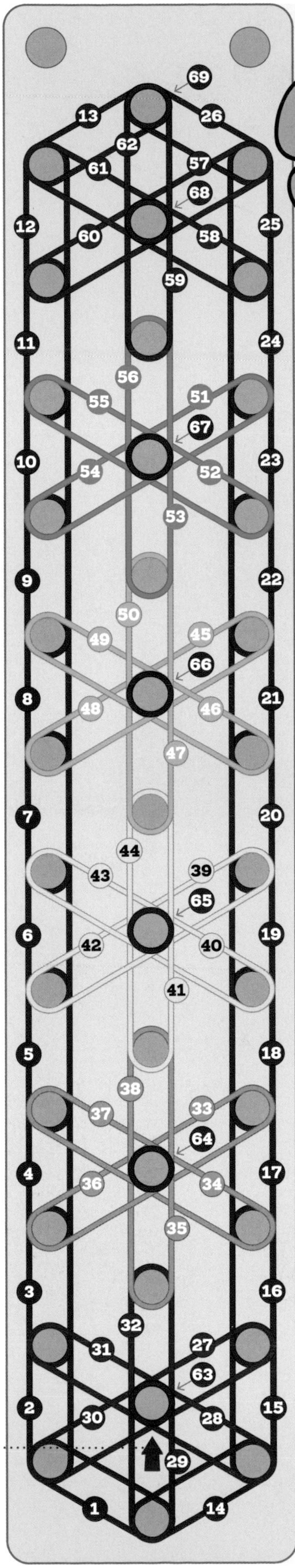

從箭頭這一側開始

彩虹星芒手環：

現在嘗試用黑色做底，看看你的星芒手環有多麼耀眼！在夜色中，你的星芒手環閃耀著絢麗的光彩，比天上的星星還更亮眼喔！

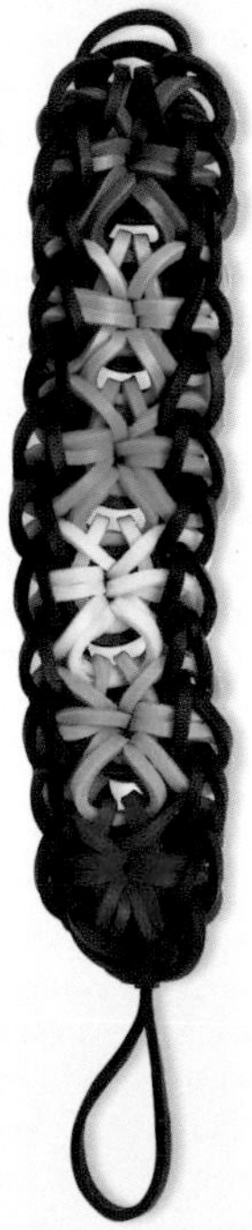

34條藍綠色（包含最後1條收尾）、18條粉紅色、18條螢光綠色

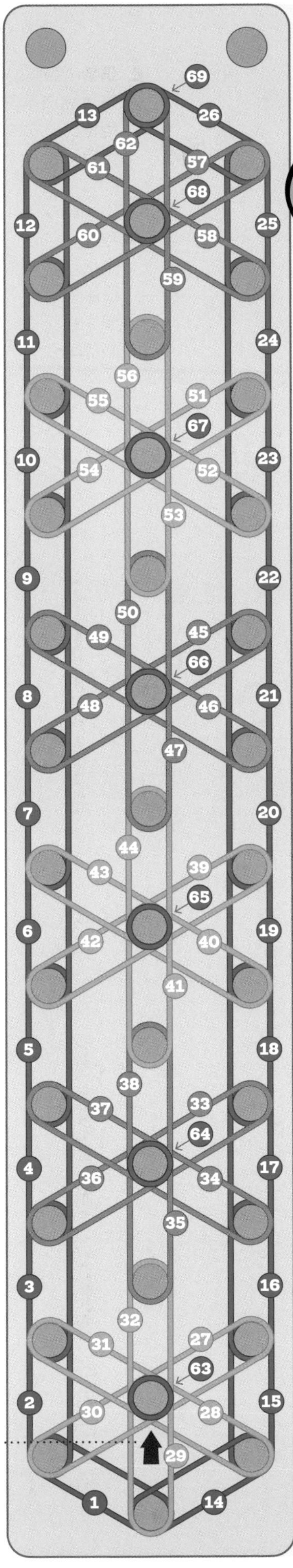

從箭頭這一側開始

美麗牡丹星芒手環：

這條星芒手環看起來，就像一朵朵嬌艷的粉紅色牡丹花，盛開在一片青草地上呢！你可以用不同的對比色交替做中排的彩色星芒，就會得到酷炫的對比效果喔！

彩虹花飾 Flower Charm

這朵彩虹花飾看起來小巧可愛，雖然個頭嬌小，用處可大囉！你可以把彩虹花飾套在鉛筆頭上，就變成酷炫的鉛筆頭裝飾品。也可以掛在手環上，當作別緻的懸掛飾品。甚至可以把好幾個彩虹花飾拼在一起，就成了美麗的彩虹花束。在你精心變換花樣時，相信你一定很快樂！你還可以把彩虹花飾當作小禮物送給親友，分享你的快樂。

假期花市彩虹花飾　粉紅玫瑰花彩虹花飾　小野菊花彩虹花飾

以下是你需要用到的工具及材料：

- **7**條 螢光橘色彩虹圈橡皮筋（最內圈）
- **6**條 深綠色彩虹圈橡皮筋（外圈花瓣）
- **6**條 紅色彩虹圈橡皮筋（內圈）
- **1**條 螢光橘色彩虹圈橡皮筋（收尾）

基本圖案！

參考下一頁圖案所示，彩虹花飾基本上有3圈：按先後順序是最內圈（螢光橘色）、內圈（紅色）、外圈（深綠色），記得一定要在套好外圈後，還要在花心正中央的套鉤上，再套進一條彩虹圈（螢光橘色）。請參看第35頁有關彩色星芒編織法的簡單說明。

6條繞過花心套鉤的紅色彩虹圈（第7～12條）。

別忘了1條套在花心套鉤的螢光橘色彩虹圈（第19條）。

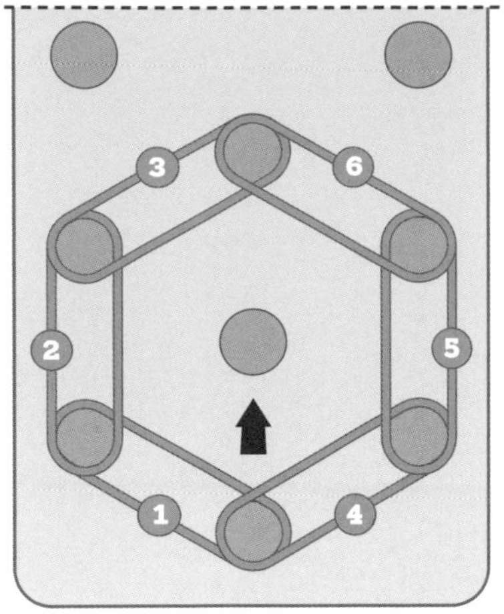

最內圈

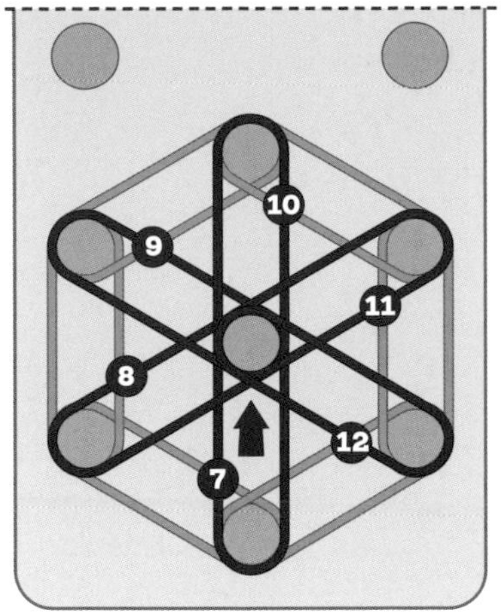

內圈

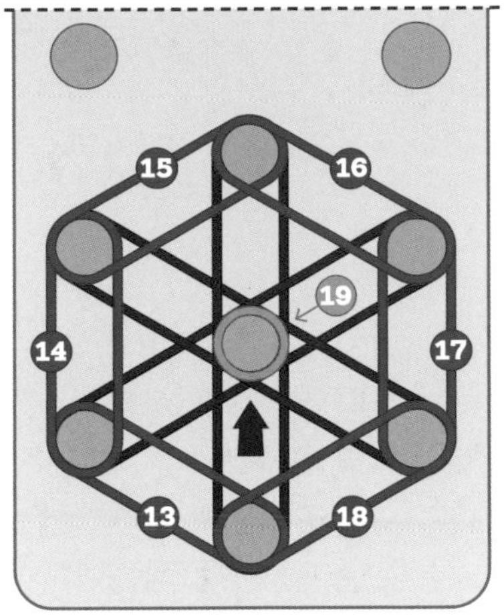

外圈花瓣

這個圖案是根據Rainbow Loom®設計的，如果你是用別家編織器也不用擔心，只要按照順序與步驟說明做好，最後做出來的圖案一樣很讚喔！只是用不同的編織器，可能會留下一些沒用到的套鉤，不礙事的。

開始套圈圈吧！

1 先把編織器轉過來，讓箭頭朝下，用編織棒從中排彩虹花心正中央套鉤的中空溝槽裡，把第12條彩虹圈勾出來，向左前方套進左排第1個套鉤。

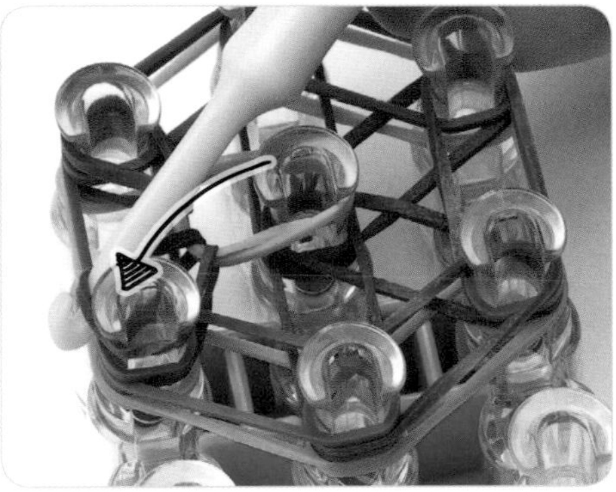

2 依此類推，按照逆時針方向，用編織棒從中排彩虹花心正中央套鉤的中空溝槽裡，把第11條彩虹圈勾出來，向左後方套進左排第2個套鉤。

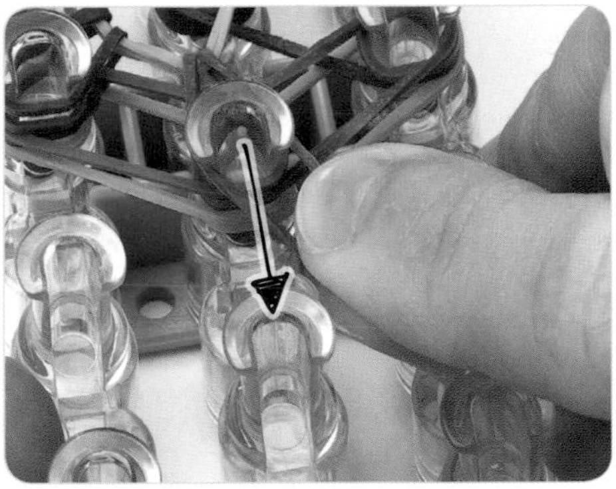

3 至於第10條彩虹圈位於彩虹花心正下方，纏得很緊，套圈需要一點兒小訣竅，你可以用拇指固定第10條彩虹圈勾出來的前端，以便向正後方套進中排第3個套鉤。

4 內圈的紅色彩紅圈全都套好後，再從中排彩虹花心正下方套鉤的中空溝槽裡，把第6條彩虹圈勾出來，原來第6條彩虹圈延伸到左前方，就像鐘面的七點鐘方位。

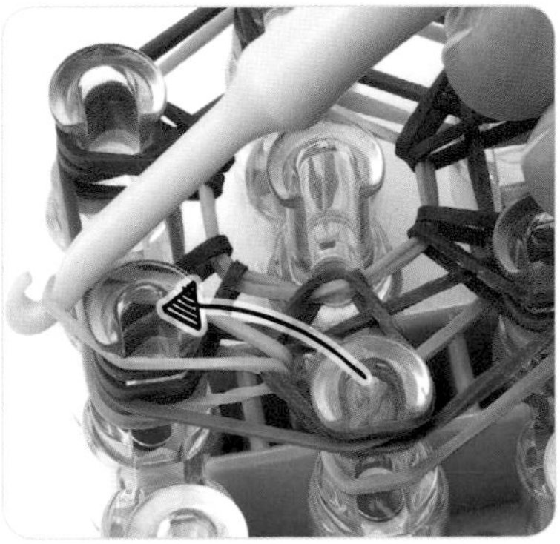

5 然後，把第6條彩虹圈向左前方套進左排第2個套鉤。

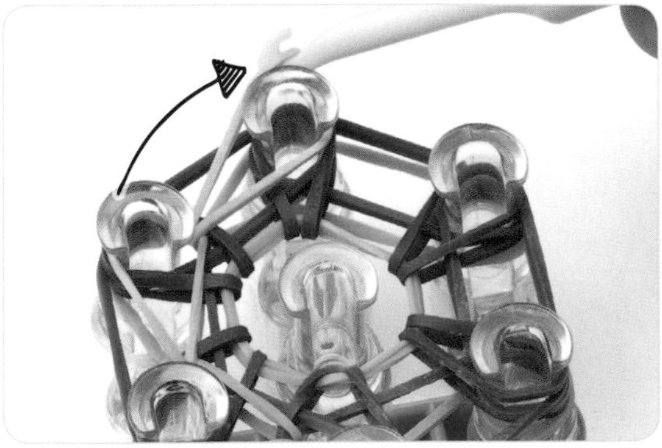

6 依此類推，把左排第5條、第4條彩虹圈，分別向正前方、右前方套圈，套完之後，檢查看看你有沒有套對位置。

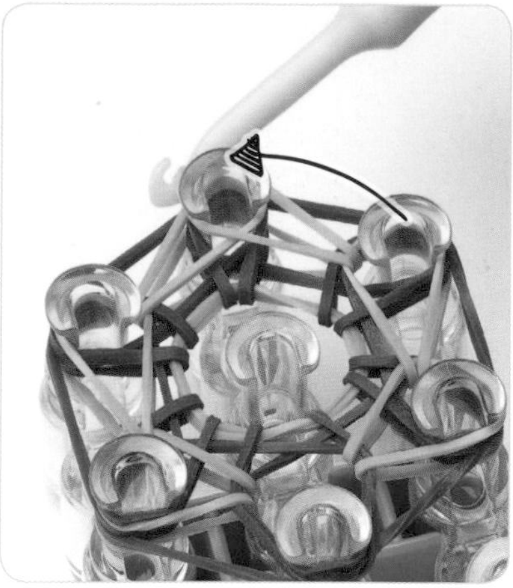

7 依此類推，按照左排套最內圈的步驟4～6，把右排第3條、第2條、第1條彩虹圈套完。

8 參考第16頁做法解說，用最後1條收尾彩虹圈，在中排第1個套鉤上打活結，再把彩虹花飾從編織器上慢慢拉起來，看到外圈花瓣（深綠色）被活結纏住的樣子嗎？現在，我們要把外圈花瓣解開。

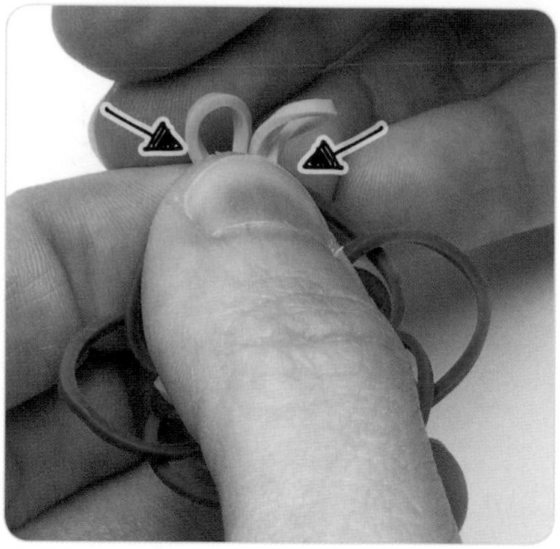

9 小心把活結的雙半圈鬆開，並用拇指、食指按住兩端分開的活結。

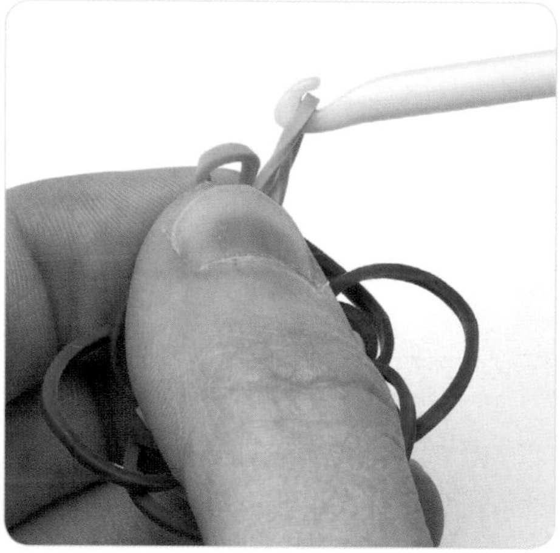

10 用編織棒把最靠近的活結半圈勾住，按住兩端分開的活結。

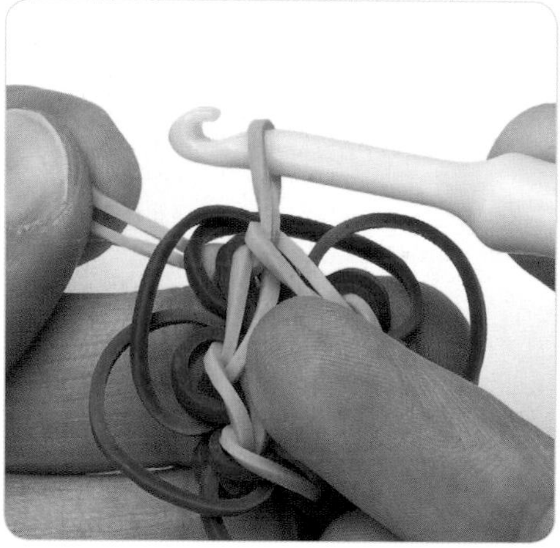

11 再拉住活結較遠的另一端固定好。

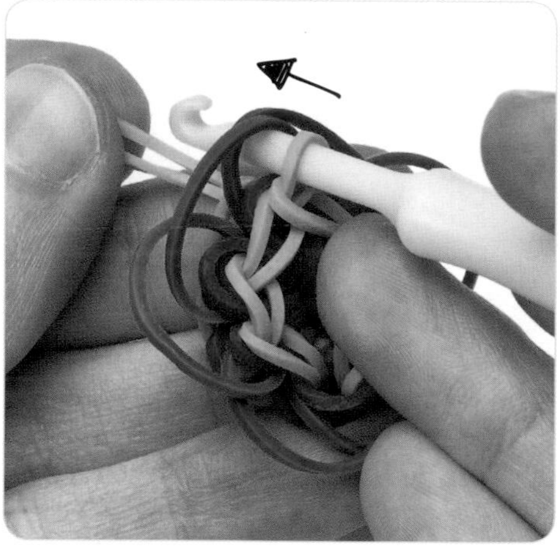

12 伸進外圈2片花瓣（深綠色）底下，也就是活結原本纏住的那2片外圈花瓣。

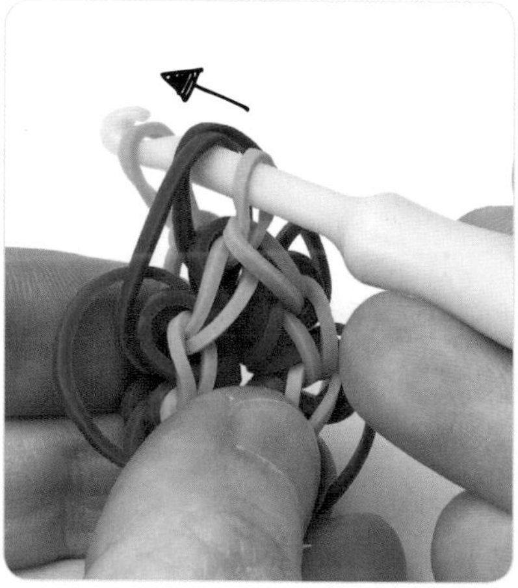

13 然後，用編織棒把活結另一端勾住，也就是拇指、食指拉住活結的那一端。

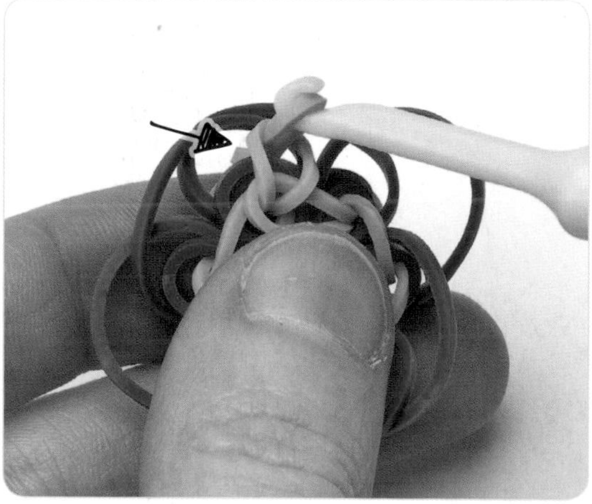

14 再把活結另一端從外圈花瓣底下拉出，穿過活結的近端，接著，活結近端就從編織棒溜下去，這樣就ＯＫ啦！

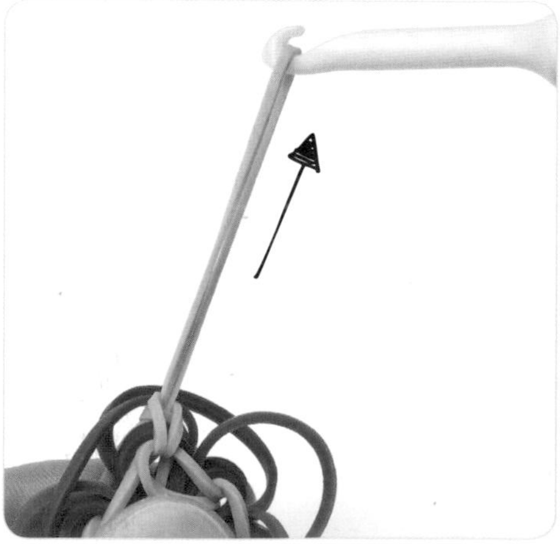

15 把編織棒向上用力拉起，再做成一個新的活結，彩虹花飾就完成啦！

14條紫紅色（包含最後1條收尾）、6條粉紅色

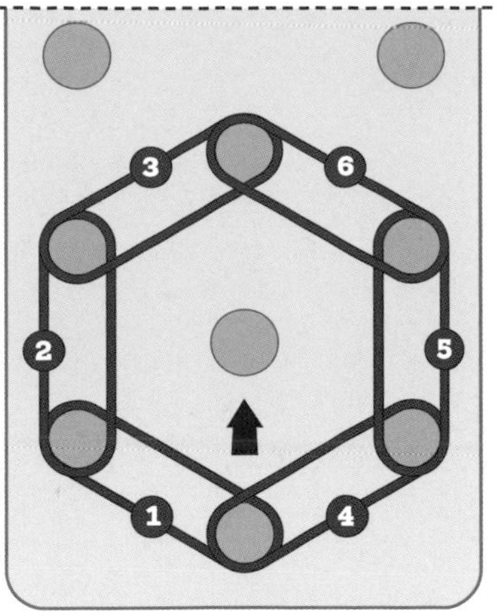

最內圈

6條繞過花心套鉤的粉紅色彩虹圈（第7～12條）。

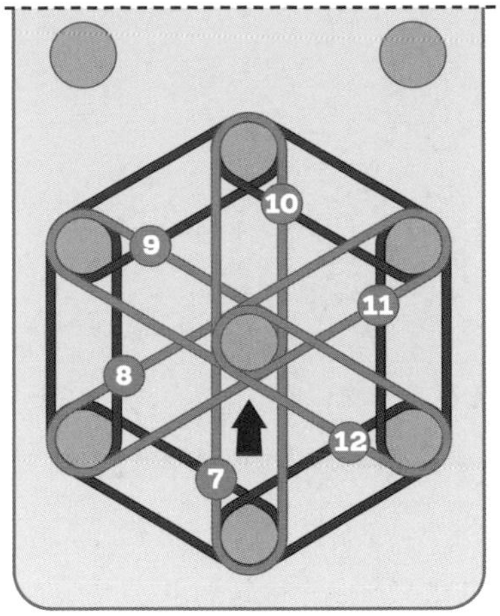

內圈

別忘了1條套在花心套鉤的紫紅色彩虹圈（第19條）。

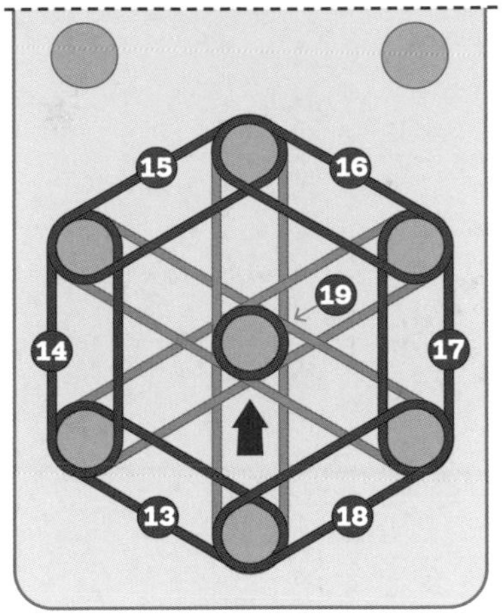

外圈花瓣

粉紅玫瑰花彩虹花飾：

讓外圈花瓣跟花心最內圈呈現一樣的顏色，就會產生內外相互輝映的混搭效果喔！其實很多天然的花朵，也像粉紅玫瑰花彩虹花飾一樣，都有內外交相輝映的混搭花瓣。

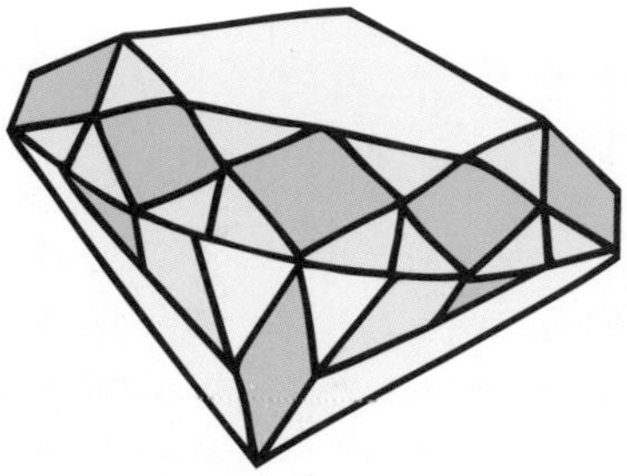

12條黃色、8條白色（包含最後1條收尾）

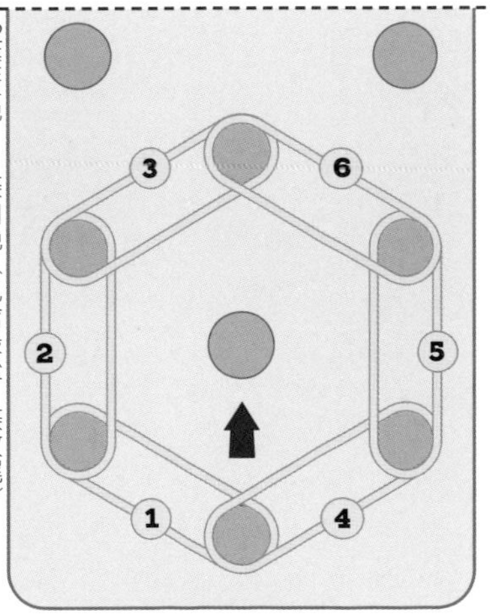

最內圈

6條繞過花心套鉤的黃色彩虹圈（第7～12條）。

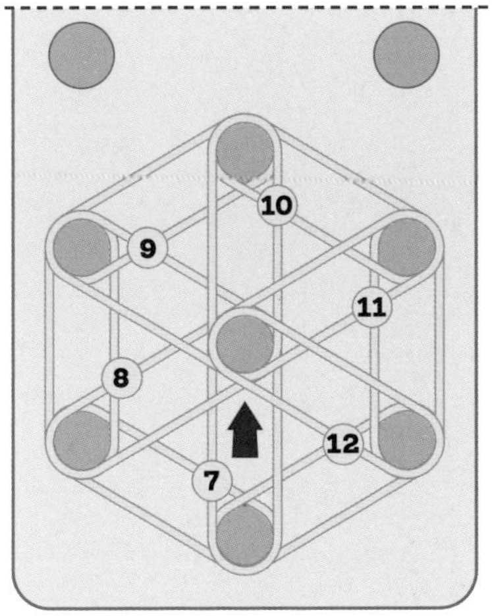

內圈

別忘了1條套在花心套鉤的白色彩虹圈（第19條）。

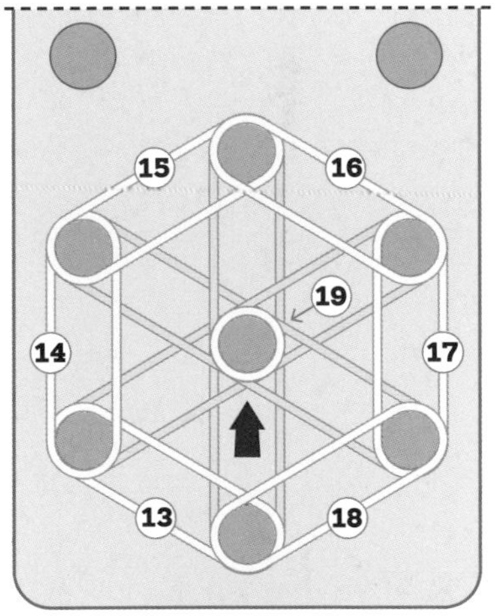

外圈花瓣

小野菊花彩虹花飾：

小野菊彩虹花飾看起來幾可亂真哪！以這朵小野菊彩虹花飾來說，只有外圈花瓣才用不同的顏色，內圈、最內圈都用黃色的彩虹圈，在外圈白色花瓣的襯托之下，立體效果很讚喔！

花圈耳環 Dangly Earrings

編花圈耳環一般會再多加1條彩虹圈，也就是用2條同色彩虹圈來編單鍊圖案，所以，花圈耳環很耐用不會變形！當然，你也可以只用1條彩虹圈來編，請參看以下「單鍊花圈耳環」的做法。此外，你也可以做1對迷你的小單鍊花圈耳環，這樣只需要用到10條彩虹圈，若要做單層彩虹圈耳環，就要用到77條彩虹圈。

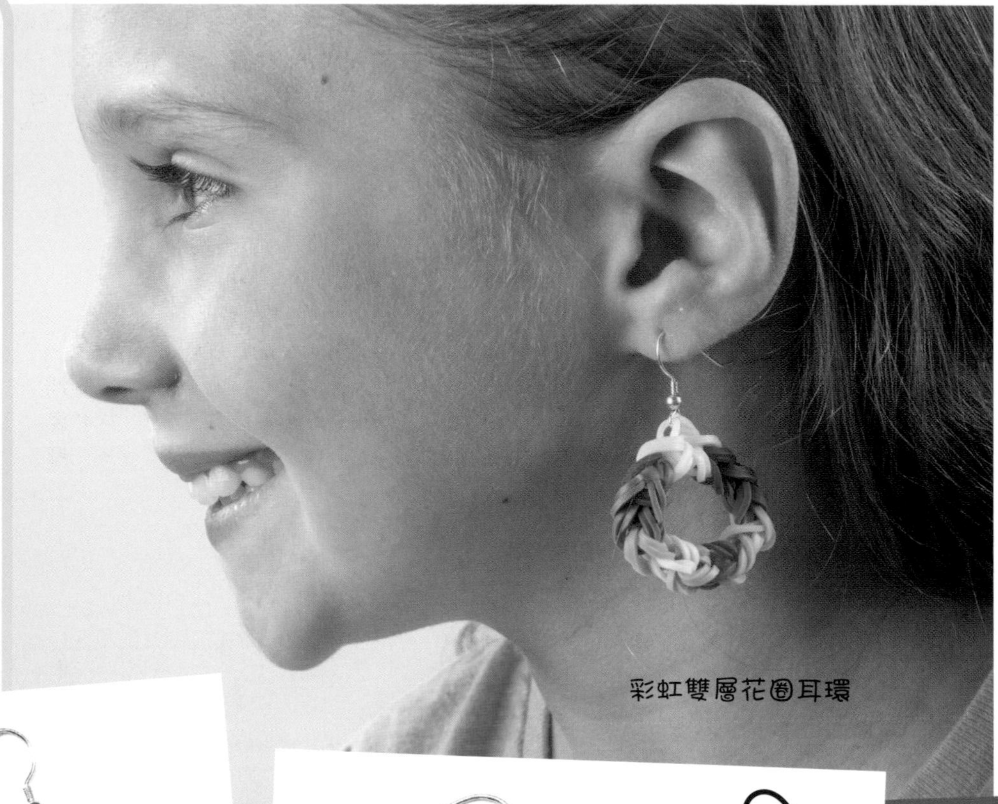

彩虹雙層花圈耳環

單鍊花圈耳環

小單鍊花圈耳環

以下是你需要用到的工具及材料：

- 8條 白色彩虹圈橡皮筋
- 12條 紅色彩虹圈橡皮筋
- 8條 紫色彩虹圈橡皮筋
- 8條 海藍色彩虹圈橡皮筋
- 8條 萊姆綠色彩虹圈橡皮筋
- 8條 黃色彩虹圈橡皮筋
- 8條 螢光橘色彩虹圈橡皮筋
- 2條 黑色彩虹圈橡皮筋（收尾後去掉）
- 2條 白色彩虹圈橡皮筋（1對耳環用）
- 2個 法式耳環鉤

這個圖案是根據Rainbow Loom®設計的，如果你是用別家編織器也不用擔心，只要按照順序與步驟說明做好，最後做出來的圖案一樣很讚喔！
只是用不同的編織器，可能會留下一些沒用到的套鉤，不礙事的。

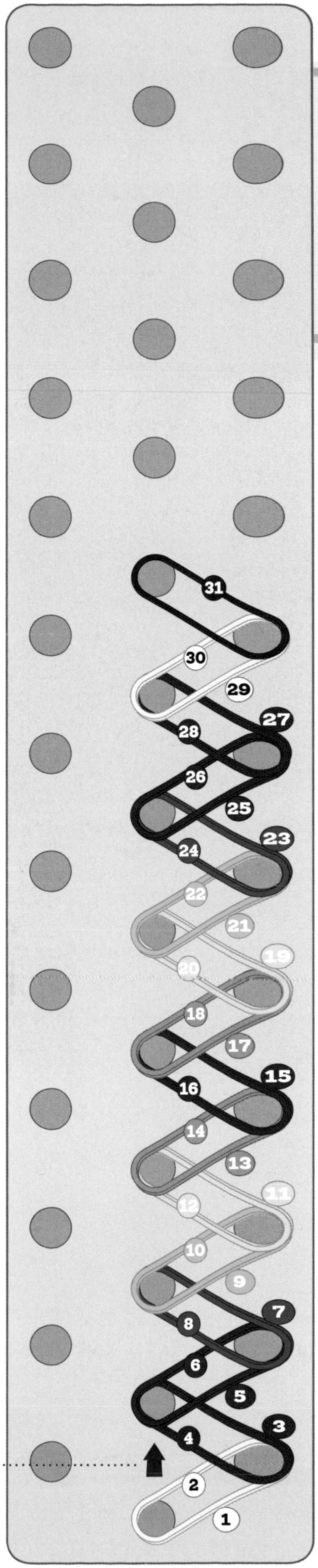

從箭頭這一側開始

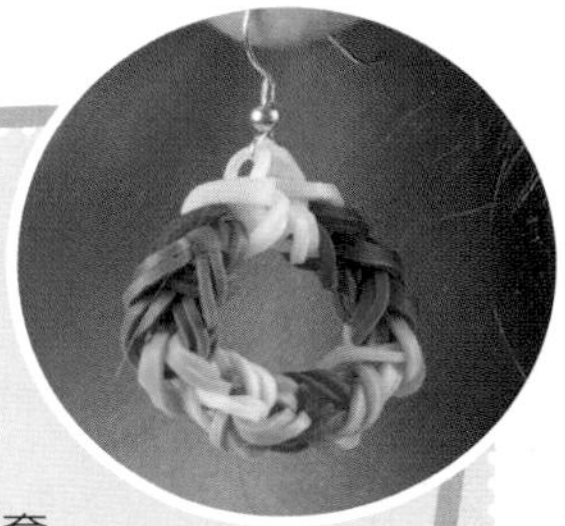

基本圖案！

參照第9頁所列步驟1～5的解說，把彩虹圈套在編織器上，如圖所示。但是，這次要套2條同色的彩虹圈，套完1條後，再套第2條在相鄰的2個套鉤上，才不會打結。套到第31條彩虹圈時，只要1條就夠了，因為收尾後就要把這條去掉，所以你可以選最少用到的顏色（如黑色），來做第31條彩虹圈。

開始做花圈耳環吧！

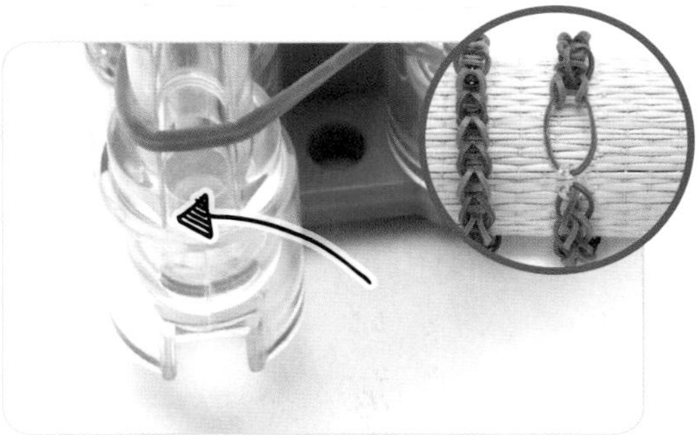

1 參照第10～11頁所列步驟6～12的解說，先把編織器轉過來，讓箭頭朝向你，然後，由下而上開始套圈。但這次要把2條同色彩虹圈一起勾出來，再套進對角相鄰的套鉤。

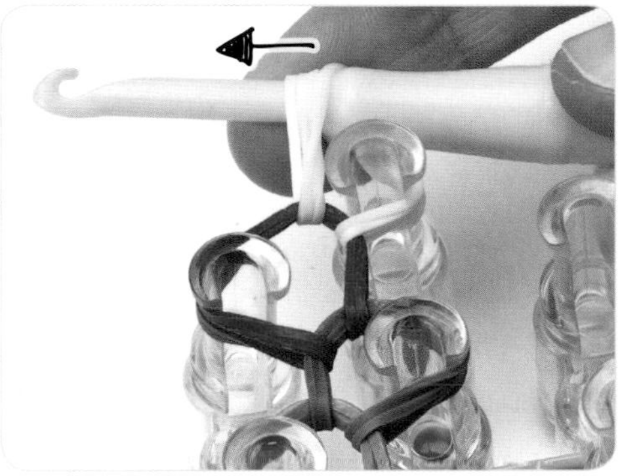

2 把最後1組雙半圈套進中排第1個套鉤，用編織棒把最後1組雙半圈從中排第1個套鉤勾起來，然後，從編織器上拉起整條花圈耳環。

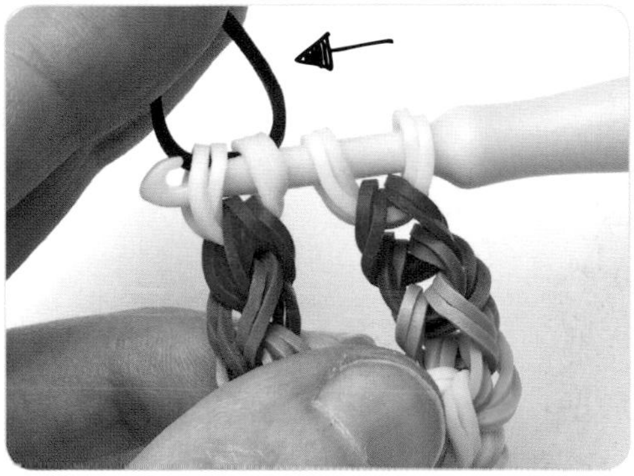

3 小心別讓花圈耳環打結了！再把花圈耳環前、後端的雙半圈依序套進編織棒，千萬不要讓花圈耳環兩端的雙半圈打結。

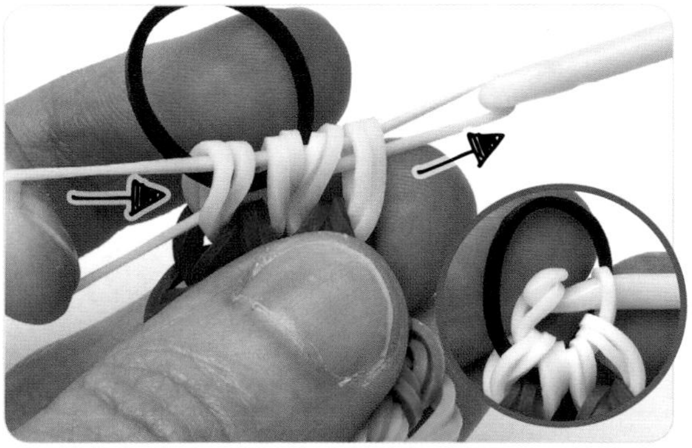

4 參照第14～15頁所列步驟3～5的解說，勾住最後1條收尾用的白色彩虹圈，穿過耳環兩端的雙半圈，再勾住收尾白色彩虹圈的遠端，這時可以直接把第31條彩虹圈切斷。

5 用1個法式耳環鉤，把收尾白色彩虹圈套在編織棒上的雙半圈扣住，再把耳環從編織棒上拉下來，就大功告成了。

百變套杯圓筒編織器

這裡所展示的各種連環套彩虹圈手環，都是來自圓筒編織器的傑作，有趣又好玩喔！只用圓筒編織器4個套鉤所做出的彩虹圈手環，看起來一定跟你用6個套鉤所做的成果不一樣。此外，所用的彩虹圈數量是多是少，以及每次套圈的數目多寡，也會讓你的彩虹圈手環變得特別有型。現在就來嘗試各種不同的圖案、配色、長度，相信你一定會覺得小套杯圓筒編織器真有趣！

3套鉤圓柱手環

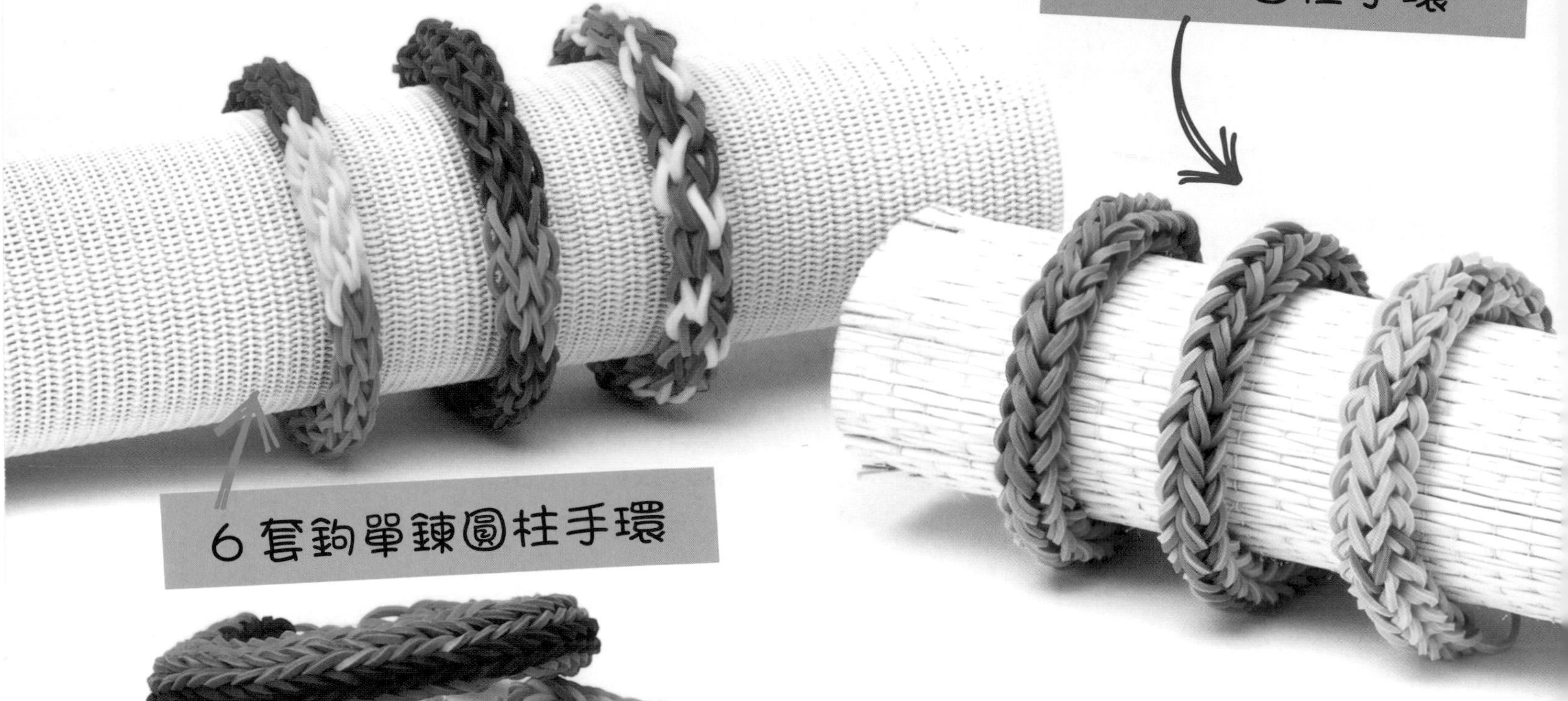

6套鉤單鍊圓柱手環

4套鉤魚尾圓柱手環

6套鉤魚尾圓柱手環